# 零基础学微信

## 全程图解手册

孟　辉◎编著

北京时代华文书局

**图书在版编目（CIP）数据**

零基础学微信全程图解手册 / 孟辉编著. -- 北京 : 北京时代华文书局, 2021.9

ISBN 978-7-5699-4215-6

Ⅰ. ①零… Ⅱ. ①孟… Ⅲ. ①手机软件—图解 Ⅳ. ①TP319-64

中国版本图书馆 CIP 数据核字（2021）第 104792 号

**零基础学微信全程图解手册**

LING JICHU XUE WEIXIN QUANCHENG TUJIE SHOUCE

编　著 | 孟　辉

出 版 人 | 陈　涛
选题策划 | 王　生
责任编辑 | 周连杰
封面设计 | 乔景香
责任印制 | 刘　银

出版发行 | 北京时代华文书局 http://www.bjsdsj.com.cn
北京市东城区安定门外大街136号皇城国际大厦A座8楼
邮编：100011　电话：010-64267955　64267677
印　刷 | 三河市祥达印刷包装有限公司　电话：0316-3656589
（如发现印装质量问题，请与印刷厂联系调换）
开　本 | 710mm×1000mm　1/16　印　张 | 14　字　数 | 110千字
版　次 | 2021年9月第1版　印　次 | 2021年9月第1次印刷
书　号 | ISBN 978-7-5699-4215-6
定　价 | 98.00元

# 前言　微信，是一种生活方式

早晨的闹钟铃响后，有多少人会赖在床上，但目的不是多睡一会儿，而是拿起手机打开微信，查看一下昨夜错过了哪些信息，又有哪些朋友发表了新的朋友圈；好不容易起床、刷牙、洗脸，但在吃早餐的时候又忍不住打开微信，查看公众号有哪些最新的推文；着急忙慌赶到公司，第一件事依然是打开微信，打卡或者查看有没有新的工作任务发布；转眼到了中午吃饭时间，依然会打开微信，找几个关系好的同事约饭或者订餐；晚上下班回到家一边吃饭一边又打开了微信视频号，看看有趣的小视频打发一下时间；已经躺在床上即将入睡了，念念不忘的还是微信，最后看一眼有没有新消息、有没有朋友发表新的朋友圈，然后才能真正入睡。

这几乎是很多人最为平常的一个生活缩影。

然而，就像提到阿里巴巴很多人第一时间就会联想到马云一样，一旦提到微信很多人马上会与马化腾联系起来。的确，马化腾是腾讯的创始人，但发明微信的是张小龙，虽然他最初的愿望是“希望给自己或者少数人做一个沟通的工具”，结果却给人们的生活带来了无法想象的变化。

无论是马化腾还是张小龙在微信发布之初，或许都没有想到微信竟然会如此火爆，几乎在一夜之间便家喻户晓、尽人皆知。微信如今依然在不断改变着人们的生活，甚至影响着世界。

试想：

微信“主宰”了多少人的生活时间？

微信“驾驭”了多少人的工作时间？

微信“变支”了多少人的剩余时间？

微信“消耗”了多少人的碎片时间？

…………

试问：

有多少人因为微信发现了商机？

有多少人因为微信拉近了距离？

有多少人因为微信节省了时间？

有多少人因为微信找到了伴侣？

…………

试看：

有多少人通过微信建立了家庭群？

有多少人通过微信建立了同事群？

有多少人通过微信建立了同学群？

有多少人通过微信建立了老乡群？

…………

微信的魅力毋庸置疑。究其原因，不外乎微信已经渗透到了人们的生活方式中，迎合了人们的生活方式，成就着人们新的生活方式，又在不断改变着人们现有的生活方式。

如果稍微夸张点来说，很多人的生活就是微信，微信就是他们的生活。

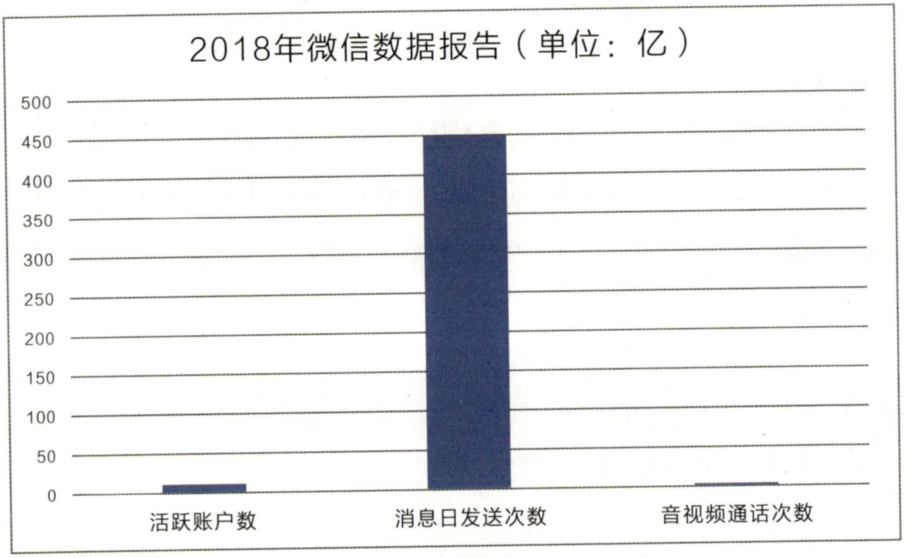


2018年微信数据报告

微信作为一款新型的跨平台信息传播媒介，其内容和功能已经不再局限于诞生时的社交，而是愈加丰富和完善。例如，通过为各行各业提供连接一切的能力，渗透到了生活与工作的各个方面，从吃穿住用行到游玩娱乐，从信息的获取与收集到信息的加工与再利用，从服务于个体到服务于群体，其实际功效早已远远超出预期。

很多人赶上了微信这趟快车，正在享受着微信带来的积极影响，但也有很多人正在追赶这趟快车或者还没有开始追赶这趟快车。所以，为了能让更多的人融入由微信正在打造的全新“智慧型”生活方式中，我们推出了《零基础学微信全程图解手册》(全彩版)一书。

本书针对电脑版微信以及手机版微信，对其下载流程、操作步骤、使用方法进行了详尽的讲述，并对微信的每一个功能版块进行了“解剖式”讲解，包括微信界面、微信设置、微信朋友、微信聊天、微信群聊、微信公众号、微信小程序、微信朋友圈、微信支付等。

同时，本书通过近500张图片对每一个细节进行了“图文并茂式”的阐述，力求让每一位想要深入了解微信的读者、想要通过微信改变自己的生活方式的读者，即看即懂、即看即会、即看即用。

当然，微信始终处于动态发展中，其功能也在不断更新升级，或许就在本书完成之际，微信再次推出了一些新功能。所以，本书中难免会存在不足之处，还望各位读者及时指正。

# 目录

## 第1章 微信的下载与注册

1.1 微信的下载 001

1.2 注册微信账号 009

1.3 登录微信账号 013

1.4 忘记微信密码 017

1.5 切换微信账号 025

1.6 建立微信分身 027

## 第2章 了解微信界面

2.1 微信主界面 029

2.2 “通讯录”界面 031

2.3 “发现”界面 037

2.4 “我”界面 043

## 第3章 微信设置

3.1 个人信息设置 047

3.2 其他设置 056

## 第4章 添加微信朋友

4.1 通过账号添加朋友 065

4.2 雷达加朋友 068

4.3 通过二维码添加朋友 069

4.4 添加手机联系人 071

4.5 添加企业微信联系人 072

4.6 通过同一群聊添加朋友 074

4.7 通过他人推送个人名片添加朋友 075

4.8 无法添加/搜索不到怎么办 077

## 第5章 使用微信聊天

5.1 微信聊天界面 079

5.2 文字消息 082

5.3 语音消息 087

5.4 发送图片或表情 091

5.5 发送现场拍摄的图片或小视频 093

5.6 视频聊天和语音聊天 094

5.7 发送当前位置 095

5.8 发红包 096

5.9 转账功能 097

5.10 语音输入 098

5.11 发送“我的收藏” 099

5.12 发送名片 100

5.13 发送文件 101

5.14 群发消息 102

## 第6章 微信群聊的使用

6.1 建立群聊 105

6.2 使用群聊进行互动 108

6.3 群聊设置 117

## 第7章 公众号和小程序的使用

7.1 添加公众号 129

7.2 查看公众号消息 131

7.3 删除公众号 133

7.4 添加小程序 133

7.5 我的小程序 136

## 第8章 朋友圈怎么玩

8.1 查看朋友圈 137

8.2 发表朋友圈 139

8.3 发表文字到朋友圈 148

8.4 评论与转发 149

8.5 朋友圈设置 153

8.6 编辑已发表朋友圈 159

## 第9章 微信支付

9.1 微信收付款 162

9.2 微信钱包 176

9.3 微信支付其他功能 194

9.4 支付设置 197

## 第10章 在电脑上使用微信

10.1 微信Windows版的使用 209

10.2 微信网页版 211

10.3 文件传输助手 213

# 第1章 微信的下载与注册

## 1.1 微信的下载

### 1.1.1 通过应用市场下载

微信手机版的下载其实很方便，但是由于不同的手机所附带的应用市场界面不一样，操作流程会有一些区别。如图1-1、图1-2所示。

图1-1 华为手机应用市场

图1-2 苹果手机应用市场（App Store）

本书内容中，我们将主要以华为手机为例，针对微信教程进行全面、细致的讲解。那么，如何通过华为手机的应用市场下载微信呢？

第一步，点击“应用市场”，进入首页，会出现一个搜索的界面。如图1-3

所示。

第二步，在搜索框内输入“微信”，并点击“搜索”，即可出现“微信”APP和“微X分身版”APP。如图1－4所示。

图1－3　应用市场搜索界面

图1－4　搜索微信

第三步，点击“微信”后面的“安装”。“安装”按钮会马上变成一个表示安装进度的百分比，同时在手机界面上会出现一个“正在安装”的微信图标。等到百分比达到100%，则表示“微信”下载完成。如图1－5、图1－6所示。

第四步，下载安装完成后，点击“打开”，即可进入微信“登录”或者“注册”界面。如图1－7、图1－8所示。

图1－5　下载安装中的微信APP

图1－6　手机界面上出现的微信图标

图1－7　点击“打开”，进入微信

图1－8　成功打开微信的界面

至此，手机版微信已经成功下载完成。如果你已经有微信号，可以直接选择登录；如果没有微信号，则需要重新注册。

## 1.1.2 通过浏览器下载

通过浏览器下载微信，是指在PC端上安装微信电脑版。也就是说，微信可以同时在手机和电脑上使用，这对于聊天或者工作来说更加方便。

具体下载流程如下：

第一步，在电脑桌面上找到任何一款浏览器，双击打开（以小智双核浏览器为例）。如图1-9所示。

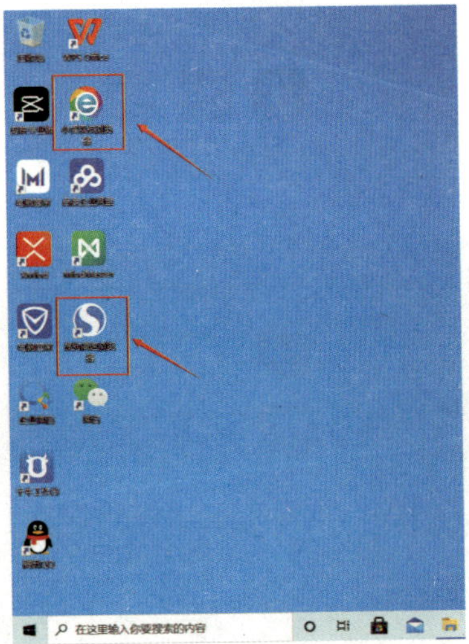

图1-9　电脑桌面上的浏览器

第二步，在打开的浏览器的搜索栏内输入网址“https://www.baidu.com”，在下拉界面中点击“百度一下，你就知道”，即可进入百度搜索界面。如图1-10、图1-11所示。

图1-10　点击“百度一下，你就知道”

图1-11　百度搜索界面

第三步，在百度搜索框内输入“微信”，单击“百度一下”，即可在弹出的页面中找到微信的官方网址，点击后便可进入微信官方网站。如图1-12、图1-13所示。

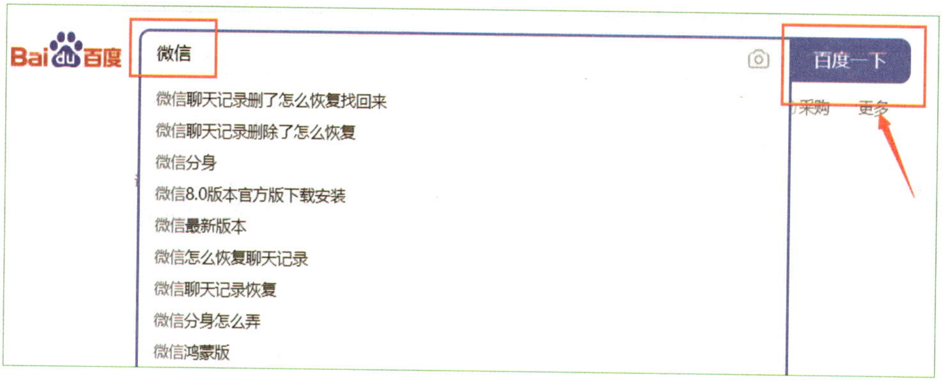


图1-12　搜索微信

图1-13　微信官方网址

第四步，进入微信官方网站后，我们会发现在其下方有三个不同版本的微信，分别是微信网页版、微信Mac版、微信Windows版。微信网页版是指通过手机微信扫一扫功能，在电脑浏览器上登录微信，相对来说比较简陋简单；微信Mac版和微信Windows版是一款跨平台的通信工具，支持单人、多人参与，通过网络发送语音、图片、视频和文字。然而，由于微信Mac版多适用于苹果电脑，所以我们接下来以微信Windows版下载为例进行介绍。如图1-14所示。

图 1－14　微信官方网站中的微信 Windows 版

点击“微信 Windows 版”，即可跳转至下载界面。点击“立即下载”，便会弹出安装路径页面。一般来说，我们需要将微信安装在除C盘之外的D盘或者E盘、F盘中，因为安装在C盘，会严重降低电脑的运行速度。如图1－15、图1－16所示。

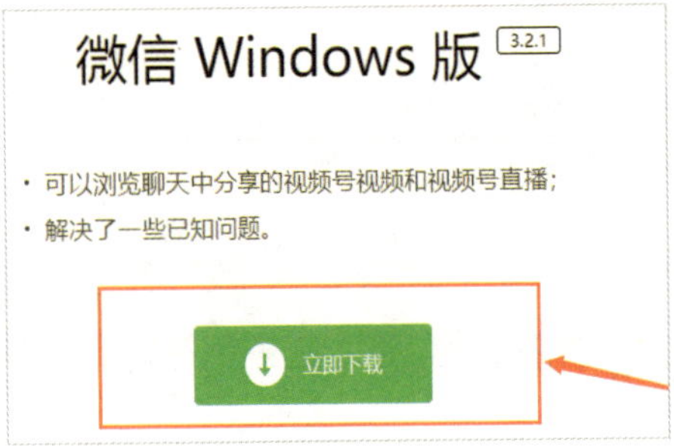


图 1－15　微信 Windows 版下载界面

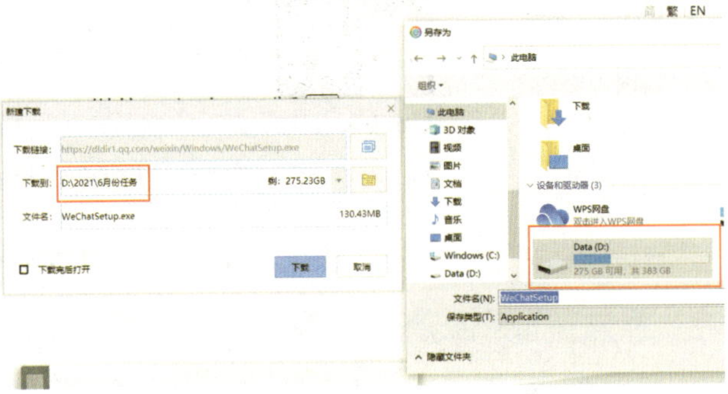


图 1－16　选择安装空间

第五步，选定安装空间后，直接点击“下载”，即可跳转至“下载管理器”界面。等待下载完成，点击“打开文件”，便会跳转至“安装微信”界面，然后直接点击“安装微信”即可。如图1－17、图1－18、图1－19所示。

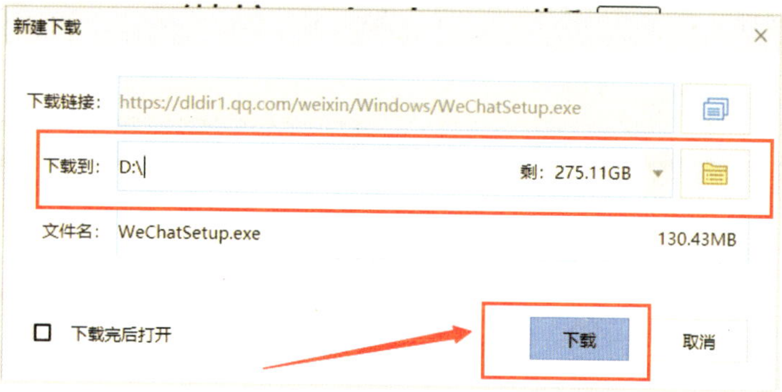


图1－17　点击“下载”

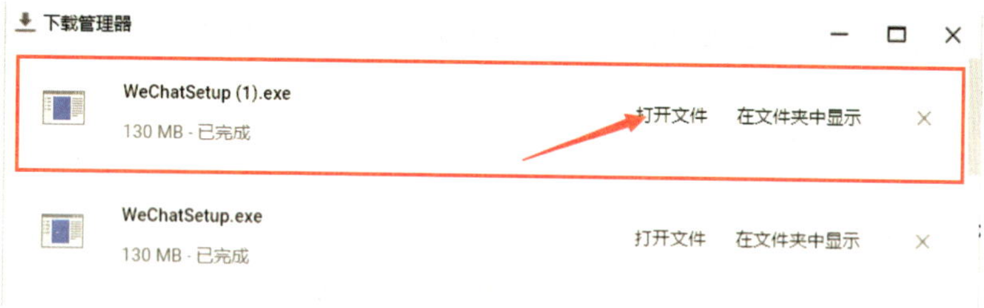


图1－18　下载管理器界面

图1－19　安装微信

第六步，安装完成后，点击“开始使用”，会跳出一个提示界面，通常选择点击“确定”即可，因为这是根据电脑本身的系统性质做出的调整，让人可以更方便地使用微信。如图1－20、图1－21所示。

图1－20　开始使用

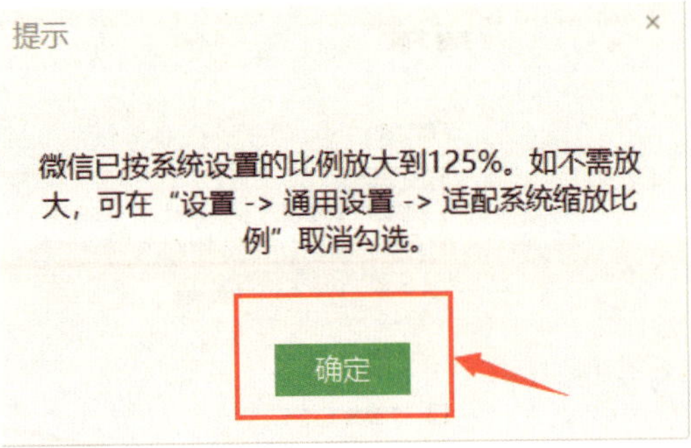


图1－21　提示界面

第七步，确定微信的使用比例后，会弹出一个二维码，代表微信电脑版已经下载完成，同时会在电脑桌面上自动生成一个微信快捷打开的图标。如图1－22、图1－23所示。

图1－22　二维码

图1－23　电脑桌面上的快捷打开图标

# 1.2 注册微信账号

如果你是一位“微信小白”，那么下载安装完微信后，首先需要做的就是注册一个属于自己的微信号，才能体验微信的各种便捷。

第一步，打开下载完成的微信APP，界面的右上角有一个“语言”选项，点进去之后，会出现不同的语种，选择合适自己的点击“保存”即可（我们以简体中文为例）。如图1-24、图1-25所示。

图1-24　微信注册界面的“语言”选项

图1-25　不同语种

第二步，点击“注册”，会出现一个“手机号注册”的界面，根据提示填写相关信息即可，包括昵称、手机号、密码。如图1-26所示。

第三步，将所有信息填写完成后，需要勾选下面的“已阅读并同意”前面的圆圈，勾选后会变成带有对勾的绿色，然后点击注册。需要注意的是，右上角有一个相机的图标，点击后，会弹出一个选项，即微信会访问手机上的所有照片等，可以选择

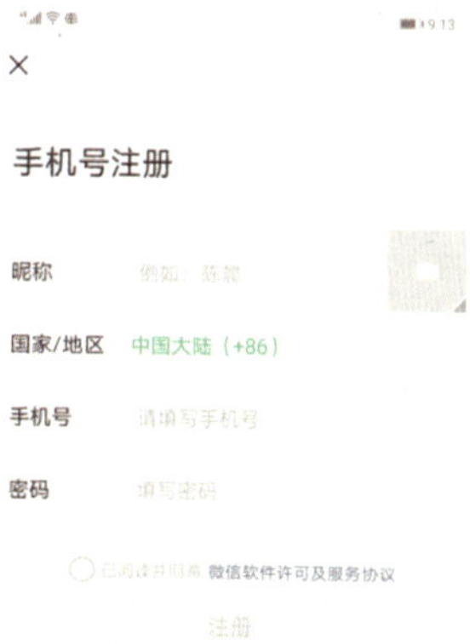


图1-26　填写信息界面

“始终允许”“禁止”等，可依据个人习惯进行选择。如图1－27所示。

第四步，点击“注册”后便会跳转到“微信隐私保护指引”界面，包含我们需要了解的关于微信的一些基础信息，比如“我们收集的信息”“信息的存储”“信息安全”“我们如何使用信息”“对外提供”“你的权利”等。阅读完以后，点击“我已阅读并同意上述条款”前面的圆圈，并点击“下一步”。如图1－28所示。

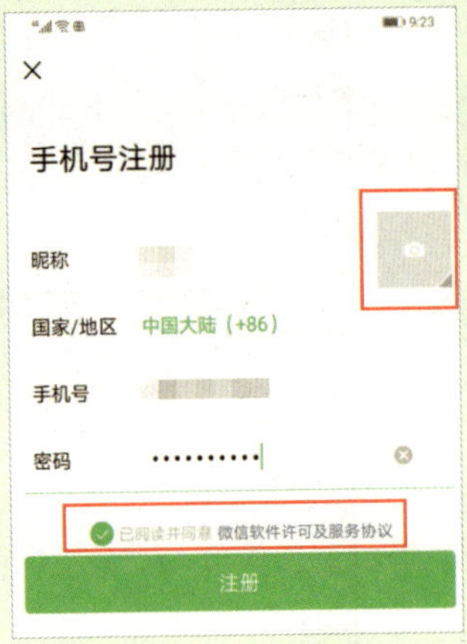


图1－27　填写信息

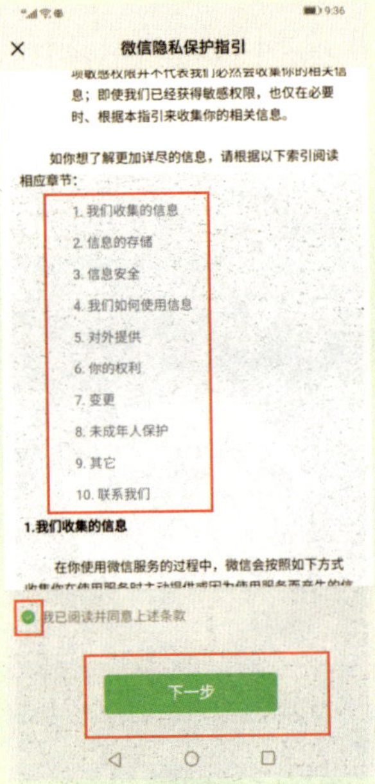


图1－28　阅读相关信息

第五步，点击“下一步”后会出现一个“权限申请”的提醒界面，阅读后点击“我知道了”，随后便会跳转到“是否允许‘微信’获取设备信息？”的界面，包括“始终允许”“禁止”“禁止后不再提醒”，可根据个人习惯进行选择。一般而言都是选择“始终允许”。如图1－29、图1－30所示。

第六步，选择允许或者禁止后，界面会跳转到“安全验证”界面，点击“开始”，根据出现的拼图，拖动下面的滑块至拼图中缺失的位置即可。如图1－31、图1－32所示。

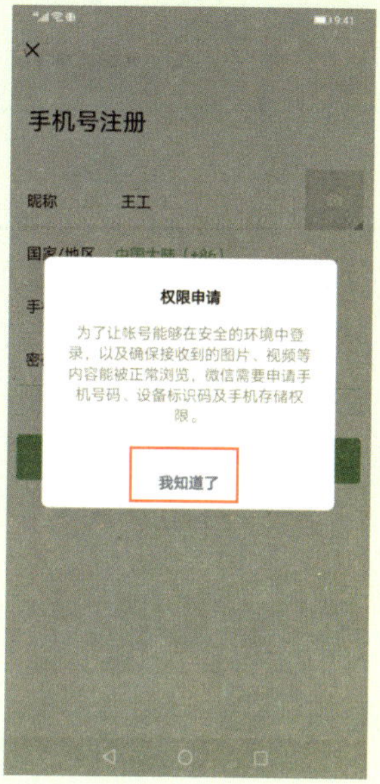


图1－29　权限申请

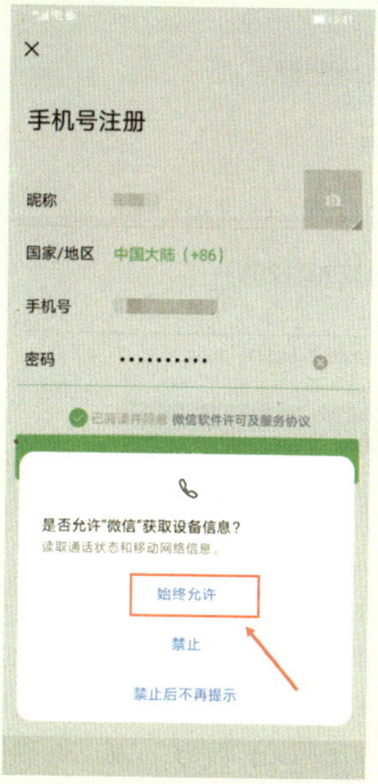


图1－30　允许获取设备信息

图1－31　安全验证界面

图1－32　完成拼图

第七步，拼图验证完成后，便会跳转到“发送短信验证”界面，根据提示，将需要发送的信息发送至指定号码即可。点击“发送短信”，界面会自动跳转到“新建信息”界面，而且信息已经自动编辑完成，只需要点击右下角的绿色“纸飞机”即可完成信息发送。如图1－33、图1－34、图1－35所示。

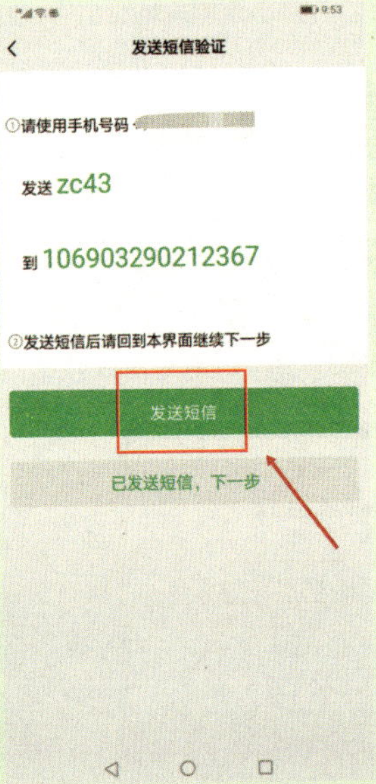


图1－33　发送短信验证界面

图1－34　发送信息

图1－35　信息发送完成

第八步，退出新信息编辑界面，重新点击手机界面上微信图标，点击“已发送短信，下一步”，等待验证成功后，便可正式进入微信操作界面。如图1－36所示。

图1－36　微信注册成功

# 1.3 登录微信账号

## 1.3.1 手机账号登录

当微信电脑版与微信手机版下载完成，并成功注册微信账号之后，便可以登录使用了。然而，我们可以发现，在下载微信电脑版的时候，最终会出现一个二维码。其实，正式登录微信电脑版的时候，使用鼠标双击电脑桌面上的微信快捷打开图标，也会出现一个二维码。这就表示登录微信电脑版，需要先登录微信手机版之后使用扫一扫功能才能成功登录。所以，接下来我们重点讲述如何登录微信手机版。

第一步，在手机桌面上找到微信图标，轻点即可进入“登录与注册”界面，点击“登录”便会跳转至“手机号登录”界面。

图1－37 手机桌面上的微信图标

图1－38 点击“登录”

第二步，在“手机号登录”界面正确输入注册微信账号时使用的手机号，点击下一步，会自动弹出一个“权限申请”，点击“我知道了”即可。

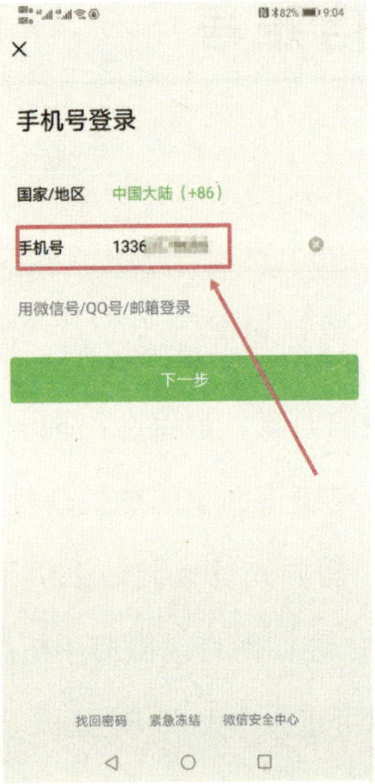


图1－39　手机号登录界面

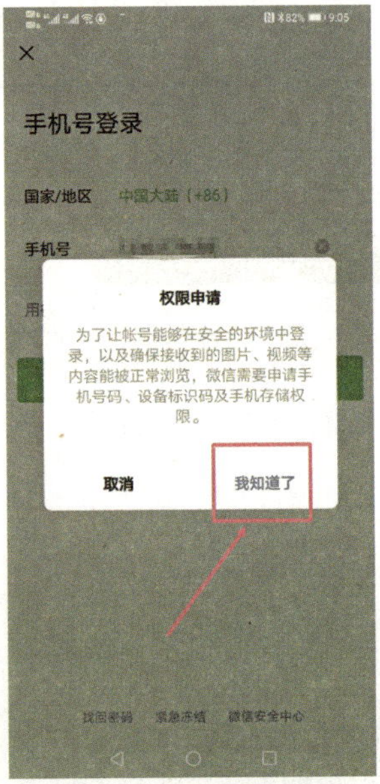


图1－40　“权限申请”提示界面

第三步，在正式进入微信之前，也就是点击“权限申请”下面的“我知道了”之后，会再次在“手机号登录”界面下方弹出一个选择提示，即“是否允许‘微信’访问您设备上的照片、媒体内容和文件？”，根据自己的情况选择“禁止”或者“始终允许”即可。通常情况下会选择“始终允许”，因为在使用微信过程中，很多时候会用到手机里的图片、媒体内容以及文件。如果你确定自己始终不会用到这些，便可选择“禁止”。这里，我们以选择“始终允许”为例，包括点击“始终允许”后接着弹出的选择提示“是否允许‘微信’获取设备信息？”。

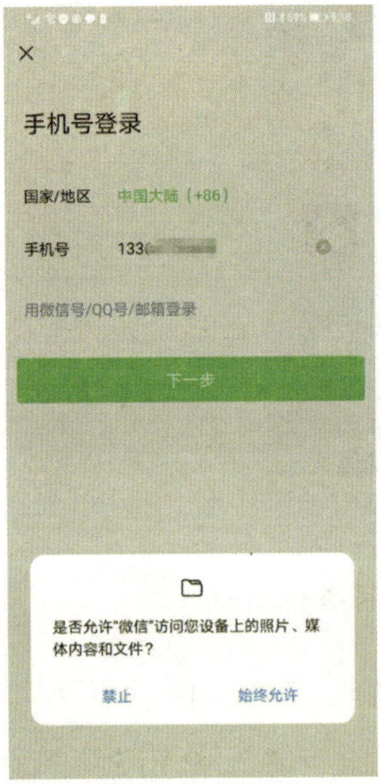


图1－41　选择提示

图1－42　选择提示

第四步，接受微信对手机内相关信息的访问权限后，便会跳转至密码登录界面。一般情况下，直接输入注册微信账号时设置的密码，点击“登录”即可。

图1－43　密码登录

第五步，当界面跳转至“微信安全”后，需要拖动蓝色的滑动条块，完成拼图后会再次弹出一个提示，关于是否需要查看手机通讯录里面都有谁在使用微信的提示，一般选择“是”，方便将通讯录里面使用微信的人加为朋友。点击“是”之后，便会正式进入微信界面，可以开始使用微信了。如图1－44、图1－45、图1－46所示。

图1－44　安全验证

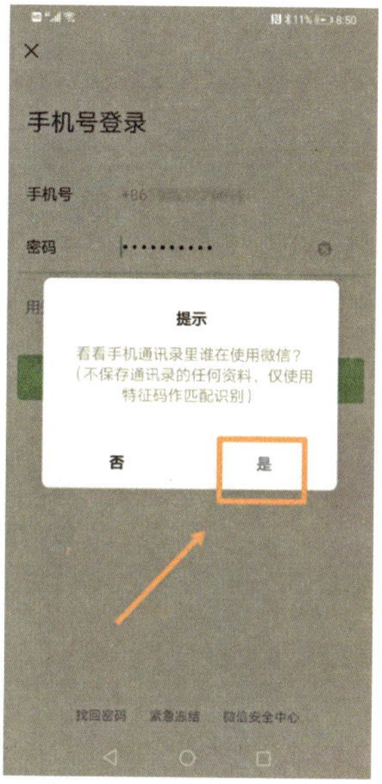


图1－45　提示

图1－46　进入微信界面

## 1.3.2 微信号登录

每一个成功注册的微信账号，都会自动生成一个微信号。如图1－47所示。在我们不方便使用手机号登录的时候，也可以通过微信号实现微信登录。需要注意的是，微信号是账号的唯一凭证，一年只能修改一次，所以一般情况下不要随意改动。

第一步，在手机桌面上找到微信图标，点击打开，进入登录界面（这几步操作在上面流程中已经讲述，这里不再赘述）。然后，点击“用微信号/QQ号/邮箱登录”。如图1－48所示。

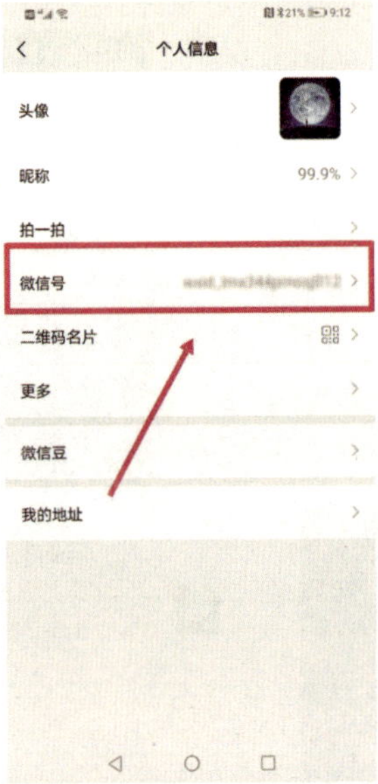


图1－47　微信号

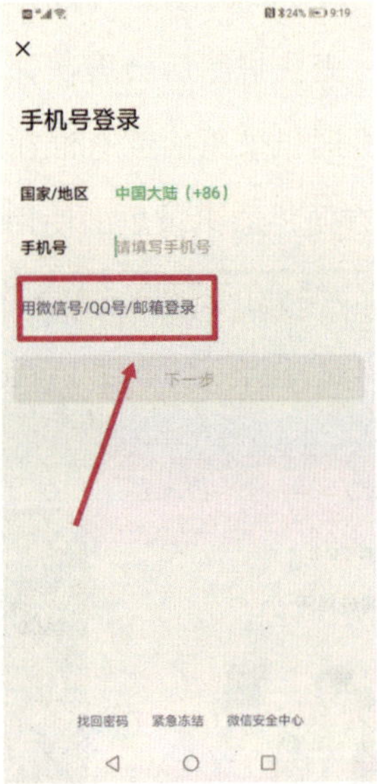


图1－48　微信登录界面

第二步，跳转至“微信号/QQ号/邮箱登录”界面后，在“账号”后面输入微信号，并在密码后面输入注册微信账号时的密码，点击下方的“登录”便会进入微信使用界面。如图1－49所示。

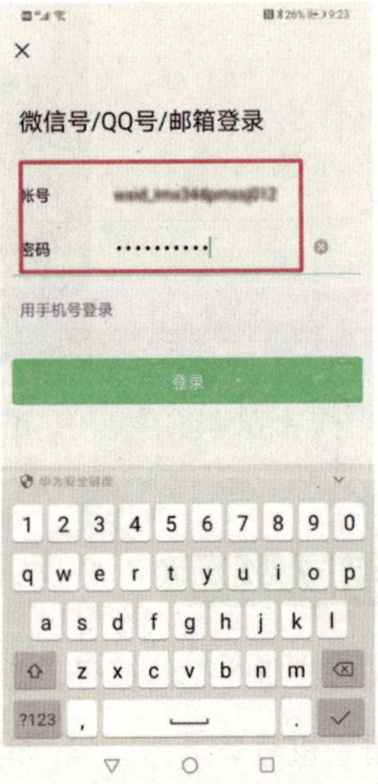


图1－49　输入微信号和密码

# 1.4 忘记微信密码

## 1.4.1 通过短信验证码登录

日常生活与工作中，由于事务繁忙，很多人可能会忘记微信账号密码。那么，这是不是就意味着无法再登录微信账号了呢？是不是需要重新注册新的微信账号呢？

其实，当我们无意间忘记微信账号密码后，可以通过短信验证码登录。

第一步，在手机桌面上找到微信图标，点击打开，进入登录界面（这几步操作在上面流程中已经讲述，这里不再赘述），正确输入手机号后点击“用短信验证码登录”。当界面跳转至输入验证码界面后，点击“获取验证码”，在弹出的“确认手机号码”提示中，核对是否是自己注册微信账号时使用的手机号码。核对无误后，点击“确定”。如图1－50、图1－51、图1－52所示。

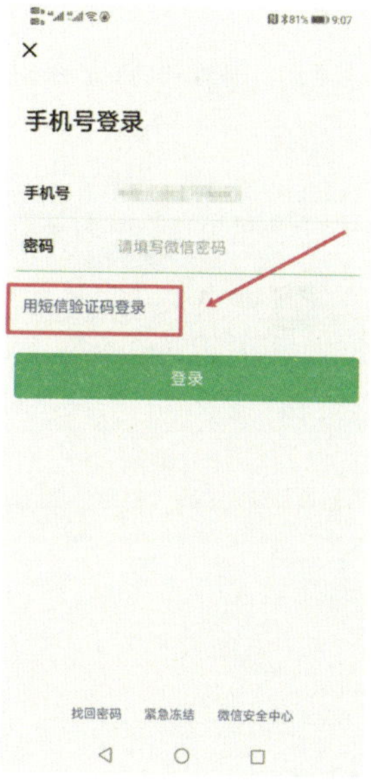


图1－50　用短信验证码登录

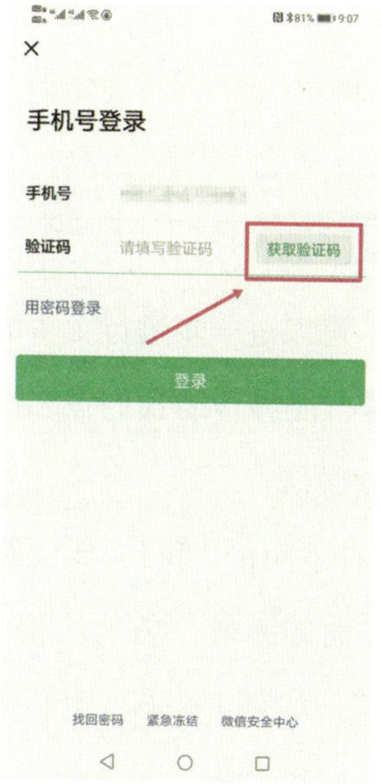


图1－51　获取验证码

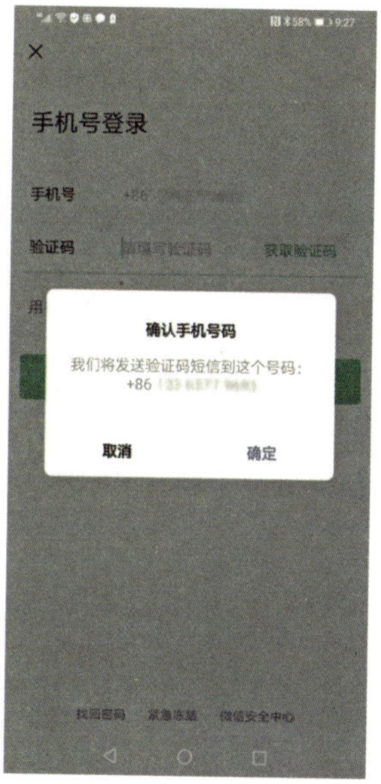


图1－52　核对手机号码

第二步，将手机短信收到的验证码正确输入后，点击“登录”。在跳转后的“微信安全”界面，拖动屏幕上的蓝色滑动条块，完成拼图。如图1－53、图1－54所示。

第三步，在跳转后的“微信隐私保护指引”界面，详细阅读相关内容，确认无误后点击下方“我已阅读并同意上述条款”前面的小圆圈，再点击“下一步”即可。如图1－55所示。

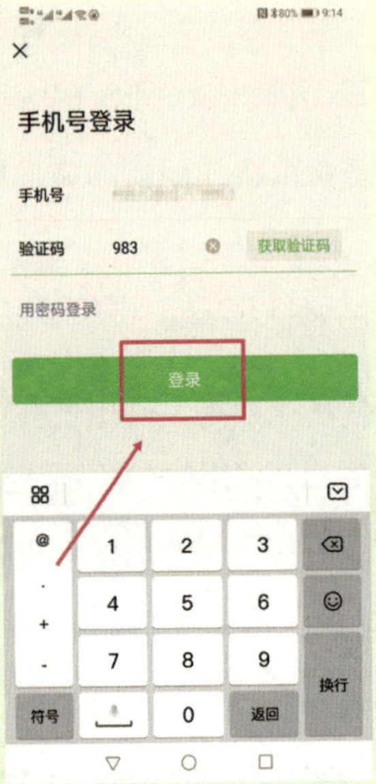
手机号登录
手机号
验证码
983
获取验证码
用密码登录
登录
符号
返回
换行

图1－53　输入验证码

微信安全
拖动下方滑块完成拼图

图1－54　完成安全验证

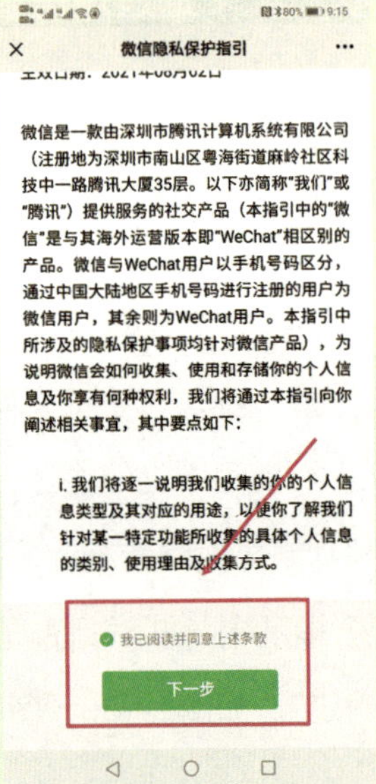
微信隐私保护指引
微信是一款由深圳市腾讯计算机系统有限公司（注册地为深圳市南山区粤海街道麻岭社区科技中一路腾讯大厦35层。以下亦简称“我们”或“腾讯”）提供服务的社交产品（本指引中的“微信”是与其海外运营版本即“WeChat”相区别的产品。微信与WeChat用户以手机号码区分，通过中国大陆地区手机号码进行注册的用户为微信用户，其余则为WeChat用户。本指引中所涉及的隐私保护事项均针对微信产品），为说明微信会如何收集、使用和存储你的个人信息及你享有何种权利，我们将通过本指引向你阐述相关事宜，其中要点如下：
i. 我们将逐一说明我们收集的你的个人信息类型及其对应的用途，以便你了解我们针对某一特定功能所收集的具体个人信息的类别、使用理由及收集方式。
我已阅读并同意上述条款
下一步

图1－55　阅读并同意条款

## 1.4.2 通过绑定QQ号登录

成功注册微信账号之后，可以进一步进行更多的安全设置，比如通过绑定QQ号，能够帮助我们在忘记微信账号密码的情况下继续使用微信。

第一步，点击微信界面右下角的“我”。界面跳转后，点击“设置”，并随着界面的跳转，依次点击“账号与安全”“更多安全设置”。如图1－56、图1－57、图1－58、图1－59所示。

微信(2)
微信团队
微信
通讯录
发现
我

图1－56　点击“我”

图1－57　设置

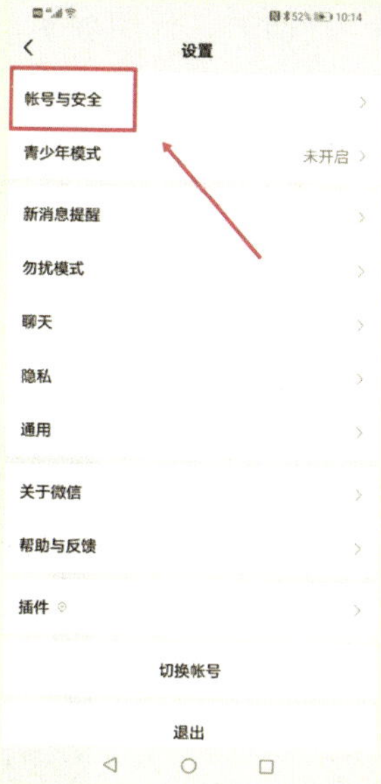


图1－58　设置与安全

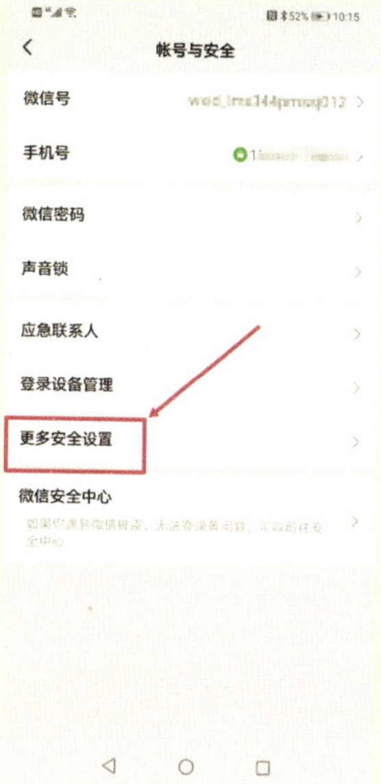


图1－59　更多安全设置

第二步，进入“更多安全设置”界面后，点击“QQ号”便会进入“绑定QQ号”界面，点击“开始绑定”。如图1－60、图1－61所示。

图1－60　点击“QQ号”

图1－61　开始绑定

第三步，进入“验证QQ号”界面后，按照提示正确输入QQ号码，以及QQ密码，并点击右上角的“完成”。如图1-62所示。

第四步，出现绑定提示后，单击“确定”，则表示已经成功绑定了QQ号。如图1-63所示。

图1-62 点击“完成”

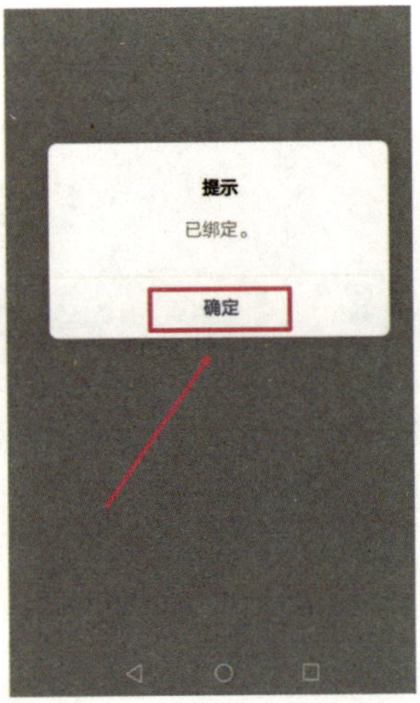


图1-63 点击“确定”

## 1.4.3 通过绑定邮箱登录

如果我们既忘记了微信账号密码，又忘记了QQ号密码，其实还可以通过绑定邮箱登录。只要输入绑定的邮箱，以及邮箱密码，依然可以继续使用微信。

第一步，点击“邮件地址”（按照上述绑定QQ号的操作进入“更多安全设置”界面即可），在弹出的提示中输入正确的邮箱（这里对于邮箱属性没有限制，可以是QQ邮箱，也可以是126邮箱、163邮箱等），再点击“确定”。如图1-64、图1-65所示。

图1－64　点击“邮件地址”

图1－65　点击“确定”

第二步，我们绑定的邮箱会收到一封来自微信的邮件，打开后点击“点击确认”，同时手机界面中也会显示“已验证”，表示邮箱绑定成功。如图1－66、图1－67所示。

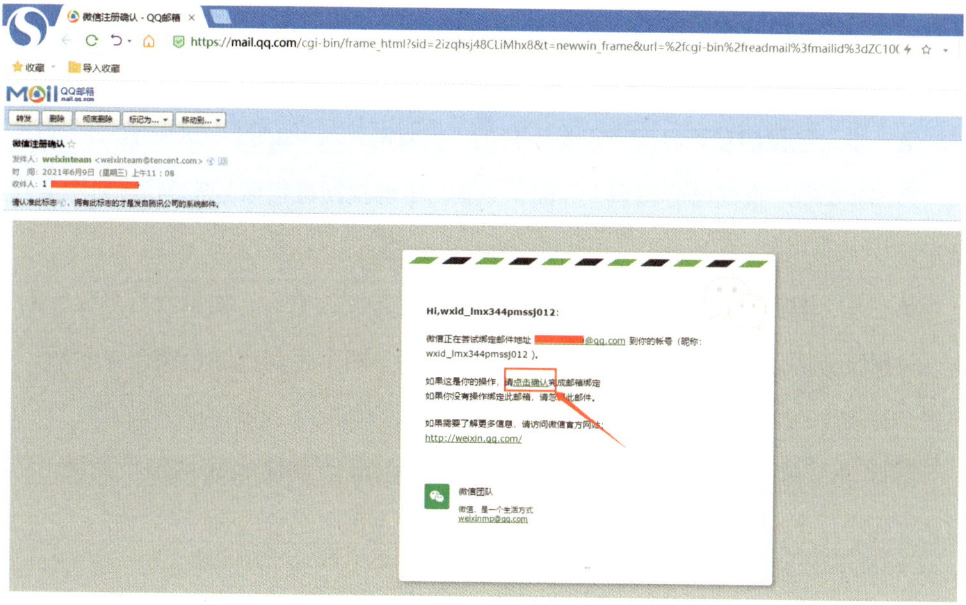


图1－66　邮件确认

图1-67　验证成功

## 1.4.4 通过申诉找回密码

如果在忘记注册微信账号时设置的密码的情况下，使用QQ号、邮箱依然无法登录微信，即QQ号密码、邮箱密码也忘记的情况下，便可以通过申诉找回微信账号密码。

第一步，在微信登录界面点击左下角的“找回密码”。如图1-68所示。

第二步，在“找回账号密码”界面，点击“申诉找回微信账号密码”。如图1-69所示。

第三步，界面跳转后，先点击“服务协议”进行阅读查看，如果没有异议，则点击“同意服务协议”前面的小圆圈。当“开始申诉”四个字变成绿色突出显示后，并点击。如图1-70所示。

第四步，在弹出的拼图中，拖动下方的蓝色滑动条块完成拼图。如图1-71所示。

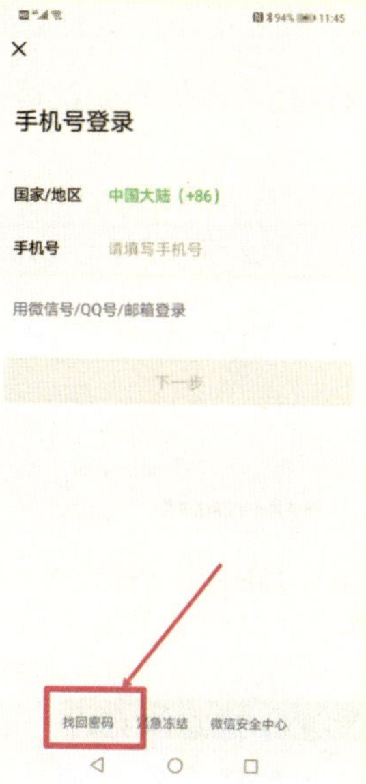


图1－68　点击“找回密码”

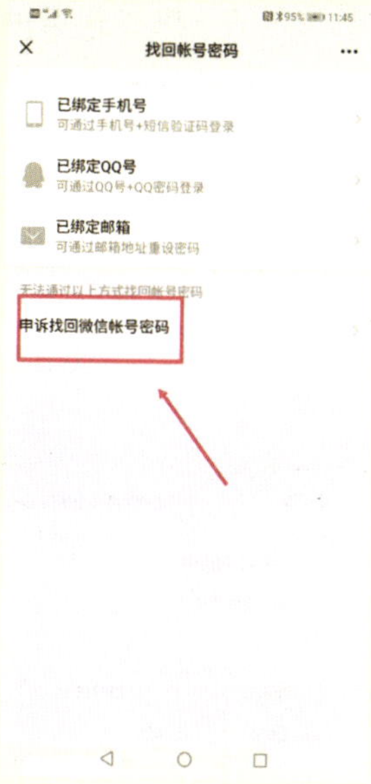


图1－69　点击“申诉找回微信账号密码”

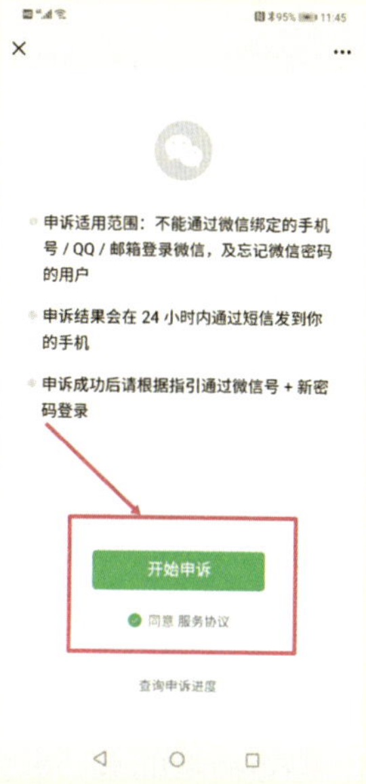


图1－70　开始申诉

图1－71　完成拼图

第五步，界面跳转后，会出现两种选择：一种是“我不记得微信号”，一种是“我记得微信号”。我们可以选择其中一种，按照提示输入相关信息，点击“下一步”。我们以“我不记得微信号”为例，但是需要注意的是，手机号和QQ号后面必须填写注册微信账号时的手机号和绑定的QQ号，而下面的可用手机号必须是其他在使用的、可以正常收发信息的手机号，否则会被认为可以通过短信登录微信，无法进行申诉。如图1-72所示。

第六步，按照跳转后的界面上的提示进行操作，但是发送短信时必须使用在上一步操作中填写的可使用的电话号码，然后点击“我已发送短信，下一步”。如图1-73所示。

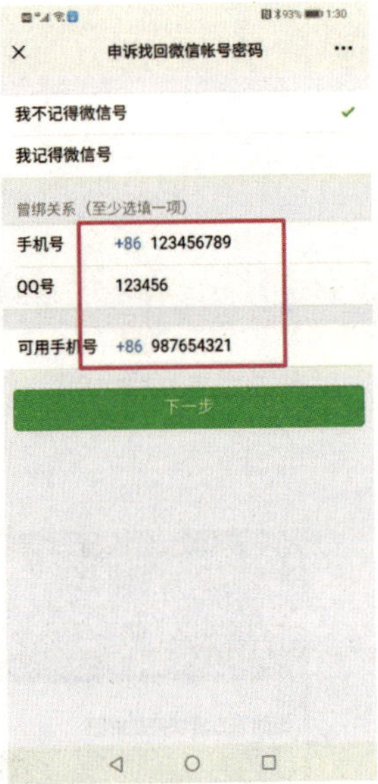


图1-72　填写相关信息

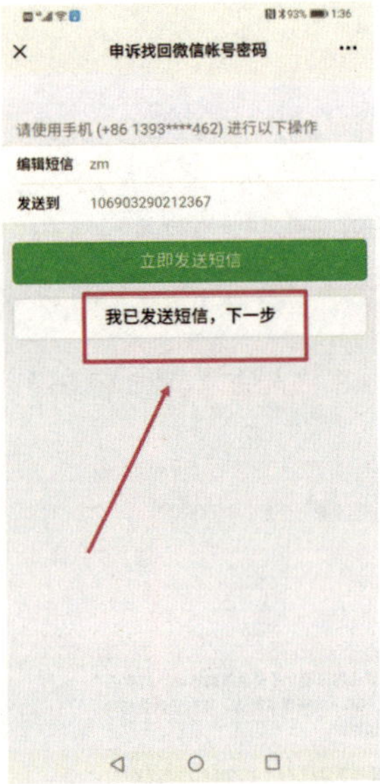


图1-73　发送短信

第七步，在新弹出的界面中填写相关信息，即绑定银行卡的相关信息。如果没有绑定银行卡，可以选择点击“没有或忘记绑卡信息，跳过”。如图1-74所示。

第八步，当界面再次跳转后，依据自己的情况进行选择，如果设置过紧急联系人，可以点击“设置过”，否则，点击“未设置过（或忘记应急联系人）”，然后再点击“下一步”。申诉结果一般会在24小时内通过预留的可使用的手机号码发送短信通知，申诉成功后根据指引通过微信号+密码登录即可。如图1-75所示。

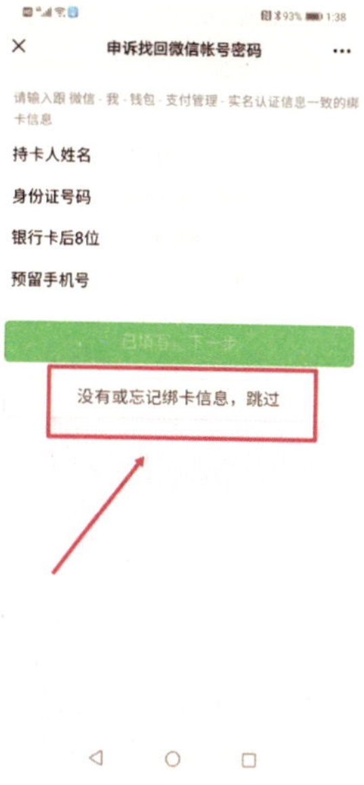


图1-74　选择点击“没有或忘记绑卡信息，跳过”

图1-75　选择点击“未设置过（或忘记应急联系人）”

## 1.5 切换微信账号

微信的切换账号功能，可以实现在同一部手机上快速退出之前的微信账号，并登录一个新的微信账号，而且不必担心聊天记录会被删除。

第一步，在手机桌面上找到微信图标并打开，点击微信主界面右下角的“我”。如图1-76所示。

第二步，进入个人中心界面后，点击“设置”。如图1-77所示。

第三步，在设置界面的下方，找到“切换账号”选项，并点击。如图1-78所示。

图1-76　点击“我”

图1-77　点击“设置”

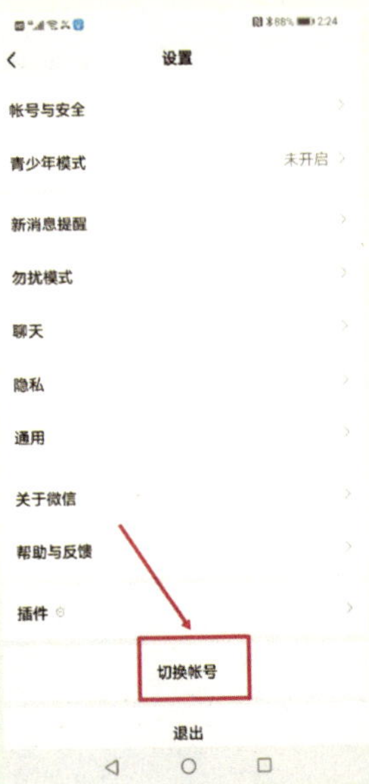


图1-78　点击“切换账号”

第四步，在“切换账号”界面，会显示当前使用的微信账号，同时在其后面会有一个“+”符号，而且显示有“切换账号”字眼。点击“+”符号，当前使用的微信账号下方会出现“正在退出”提示。如图1-79所示。

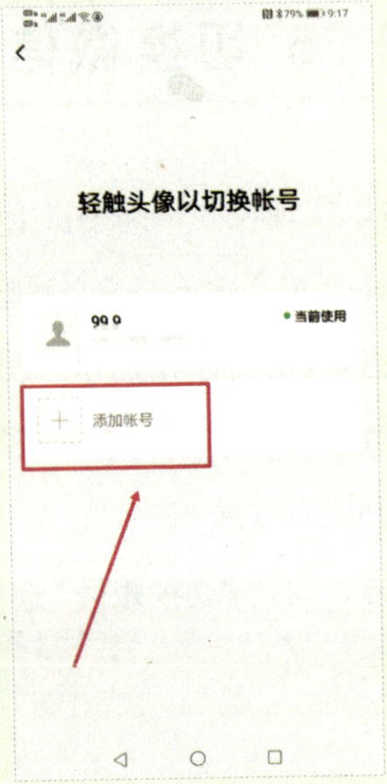


图1-79　点击“+”符号

当前使用的微信账号完全退出后，界面会自动跳转至登录界面。按照微信账号登录的操作步骤，登录另一个微信账号即可。登录成功后，便会直接进入微信主界面，表示切换完成。

## 1.6 建立微信分身

微信分身功能，其实就是要满足有两个微信账号的用户需求，即可以同时在一部手机上登录两个微信账号，同时接收消息、处理消息。微信分身相比切换微信账号，更方便实用。

第一步，在手机桌面上找到设置图标（是手机自身的设置）并点击。如图1－80所示。

第二步，进入设置界面后，下拉找到“应用”选项，并点击。如图1－81所示。

第三步，进入应用选项界面后，点击“应用分身”。如图1－82所示。

图1－80　设置

图1－81　应用

图1－82　应用分身

第四步，进入应用分身界面后，点击微信后面的按钮。等待其设置完成后，返回手机桌面，即可找到微信分身，即一个新的微信图标，并带有数字“2”的标识。如图1-83、图1-84所示。

应用分身
开启后，桌面将生成相应的分身应用。您可在相同应用上，同时登录两个不同帐号。第三方桌面暂不支持此功能。
微信
已分身
QQ
未分身

图1-83 打开状态下的按钮

图1-84 成功设置微信分身

# 第2章 了解微信界面

## 2.1 微信主界面

当我们点击手机桌面上的微信图标，打开微信后便进入了微信主界面。如图2-1所示。

### 2.1.1 标题栏

标题栏位于微信主界面上方的中间位置，而且标题栏显示的标题不是一成不变的，随着打开的对话框的不同，标题栏中的标题也会随之改变。如图2-2、图2-3所示。

微信
订阅号消息
微信团队
微信
通讯录
发现
我

图2-1 微信主界面

微信
订阅号消息
微信团队
微信
通讯录
发现
我

图2-2 标题栏

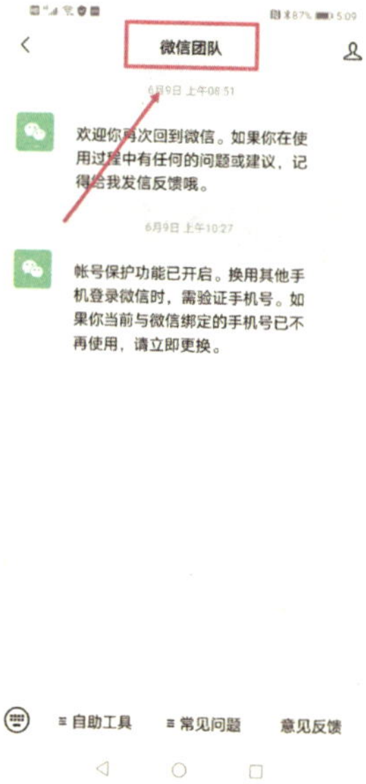
微信团队
欢迎你再次回到微信。如果你在使用过程中有任何的问题或建议，记得给我发信反馈哦。
帐号保护功能已开启。换用其他手机登录微信时，需验证手机号。如果你当前与微信绑定的手机号已不再使用，请立即更换。
自助工具
常见问题
意见反馈

图2-3 切换后的标题栏

## 2.1.2 搜索选项

搜索选项位于微信主界面的右上方，图标类似“放大镜”，点击后，便会自动跳转至搜索界面。在搜索框中可以输入微信朋友的昵称等进行快速查找，也可以通过下面的指定内容进行相关搜索。如图2-4、图2-5所示。

图2-4　搜索选项

图2-5　搜索界面

## 2.1.3 功能标签栏

功能标签栏位于微信主界面的下方，包括“微信”“通讯录”“发现”“我”等标签。如图2-6所示。

图2-6　功能标签栏

# 2.2“通讯录”界面

“通讯录”选项位于微信主界面的功能标签栏中，点击“通讯录”便会进入“通讯录”界面。我们可以看到在“通讯录”界面有很多功能选项，下面就对其进行一一介绍。如图2-7所示。

## 2.2.1 新的朋友

“新的朋友”选项在“通讯录”界面的最上方，点击后便会跳转至“新的朋友”界面。在这里，我们可以点击右上方的“添加朋友”，通过多种方式添加微信朋友，包括搜索微信号/手机号、雷达加朋友、面对面建群、扫一扫、手机联系人、公众号、企业微信联系人，具体添加方法我们将在下面的内容中进行详述。如图2-8所示。

图2-7　“通讯录”界面

图2-8　添加朋友界面

除此之外，通过点击“新的朋友”界面中的“添加手机联系人”，并在“是否允许‘微信’访问您的通讯录？”下面选择“始终允许”，这样可以快速将手机通讯录中使用微信的朋友显示出来，更加方便添加。如图2-9、图2-10所示。

图2－9　选择“始终允许”

图2－10　手机通讯录中的微信朋友

## 2.2.2 仅聊天的朋友

点击“仅聊天的朋友”后，在跳转的界面中显示的是互相看不到对方的朋友圈、视频动态、微信运动、看一看以及第三方登录授权分享的内容的朋友。换句话说，这里显示的微信朋友除了可以聊天以外，不可以进行其他任何方面的互动。如图2－11所示。

同时，在这个界面的左下角和右下角分别有“添加”和“移出”选项。如果我们不想让某个微信朋友看到自己的朋友圈或者不想看他的朋友圈，就可以点击“添加”，再点击“通讯录”，从跳转后的“选择联系人”界面中勾选对应的联系人，然后点击右上角的“完成”即可。如图2－12、图2－13所示。

如果想让某个微信朋友看到自己的朋友圈等内容，可以点击“移出”，从跳转后的“选择联系人”界面中勾选对应的联系人，然后点击右上角的“确定”，在弹出的提示中选择“移出”即可。如图2－14、图2－15所示。

图2－11　仅聊天的朋友

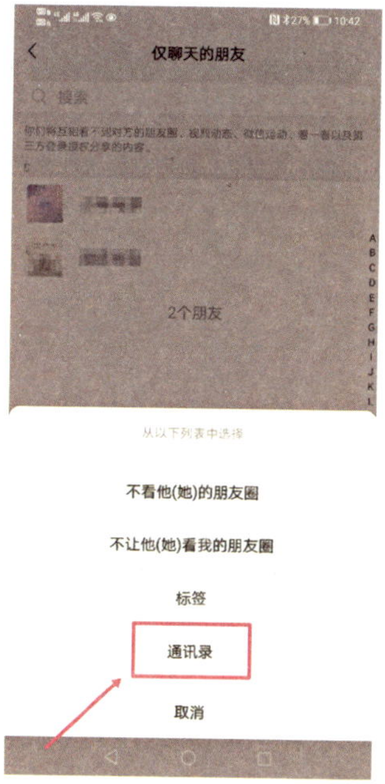


图2－12　“通讯录”选项

图2－13　选择联系人

图2－14　选择联系人

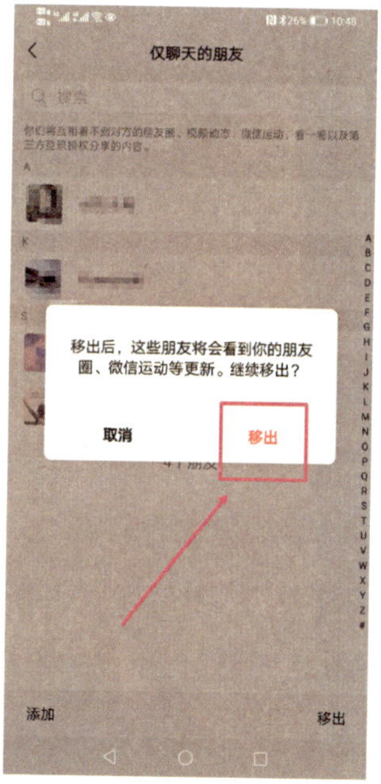


图2－15　确定移出

## 2.2.3 群聊

点击“群聊”选项，可以帮助我们查看有多少个群。只要我们在群聊中将“保存到通讯录”选项打开，群聊便会保存到这里。当然，我们也可以有选择性地进行设置，即可以只将重要的群聊保存到通讯录，方便快速查找。如图2-16所示。

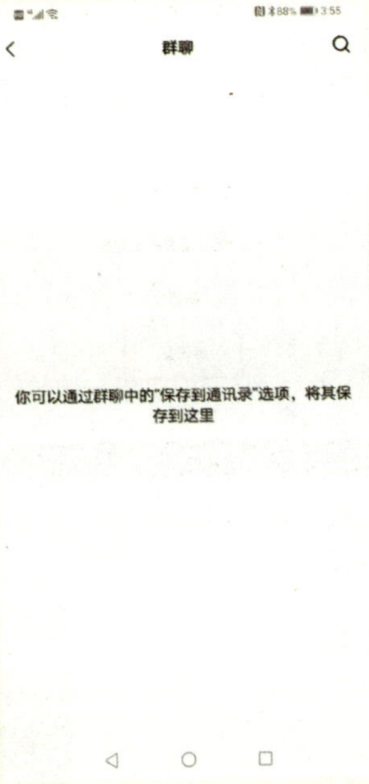
群聊
你可以通过群聊中的“保存到通讯录”选项，将其保存到这里

图2-16 “群聊”界面

## 2.2.4 标签

“标签”的作用主要是对所有的微信朋友进行归纳和分类，比如可以分为“朋友”“同学”“亲人”“客户”等。

点击“标签”，跳转至“所有标签”界面后，便可以通过点击“新建标签”，选择对应的联系人，如选择所有的朋友后，点击右上角的“完成”。在“保存为标签”界面“标签名字”的下方输入“朋友”，点击右上角的“保存”，即可完成标签的创建。如图2-17、图2-18、图2-19所示。

图2-17 点击“新建标签”

图2-18 选择朋友联系人

图2-19 输入标签名字

## 2.2.5 公众号

点击“公众号”后，我们可以看到所关注的公众号有哪些。在这里，我们可以将不需要再关注的公众号删除，只需要长按某个公众号，就会自动弹出“不再关注”提示，点击即可取消关注。同时，我们也可以通过搜索选项，关注新的公众号。如图2-20所示。

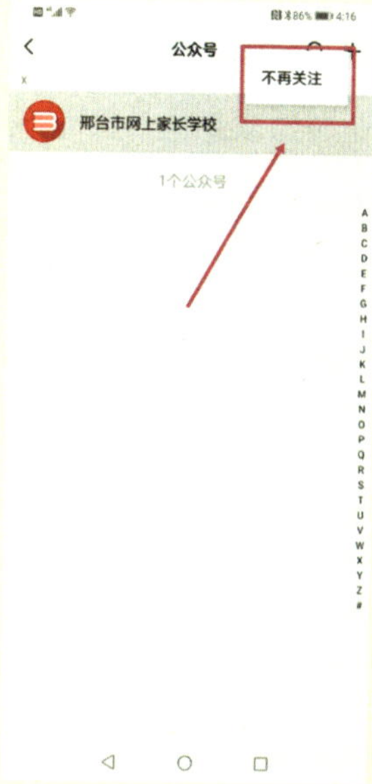


图2-20 取消关注

## 2.2.6 企业微信联系人

企业微信是腾讯微信团队为企业打造的专业办公管理工具。如果我们在工作中使用个人微信添加了客户的企业微信，便会自动划分到“企业微信联系人”界面。如图2－21所示。

图2－21　“企业微信联系人”界面

## 2.2.7 微信朋友

“通讯录”界面会显示所有的微信朋友，即在“企业微信联系人”选项下面会一一列示出来，而且会依据每个微信朋友昵称的第一个字的首字母进行排列。如果微信朋友的昵称是符号或者数字，将会被自动排列至最后。如图2－22所示。

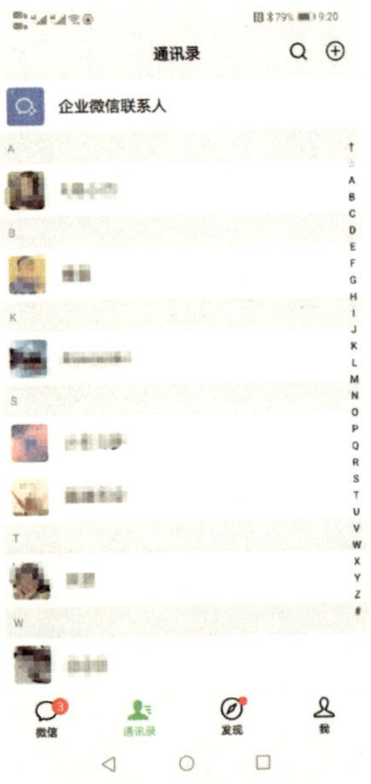


图2－22　微信朋友

# 2.3 “发现”界面

如图2－23所示，“发现”选项也是位于微信主界面的功能标签栏中。点击“发现”，在弹出的界面中会显示朋友圈、视频号、扫一扫、摇一摇、看一看、搜一搜、直播和附近、购物、游戏，大部分属于娱乐选项，所以也是使用微信过程中经常会用到的功能。

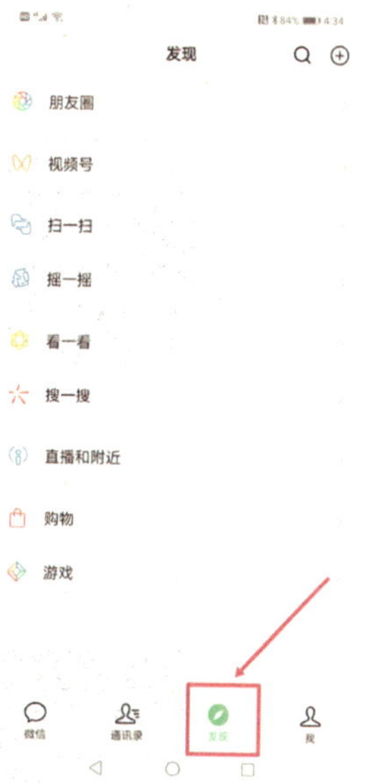

图2－23 “发现”界面

## 2.3.1 朋友圈

点击“朋友圈”可以看到朋友的一些动态，包括感悟、活动等，几乎涵盖了吃喝玩乐。当然，我们所看到的朋友圈内容也是微信朋友想让我们看到的，如果微信朋友设置了不想让我们看到，我们是无法得见的。同时，通过朋友圈我们可以与微信朋友互动，包括点赞、评论等，也可以发表自己的朋友圈（这些内容我们将在下面章节中重点讲述，这里不再赘述）。如图2－24所示。

图2－24 朋友圈界面

## 2.3.2 视频号

2020年1月22日，腾讯公司官微正式宣布开启微信视频号。微信视频号是一个全新的内容记录与创作平台，在“发现”界面中位于朋友圈选项的下方，点击后即可看到被人发布的视频或者图片，类似于抖音。它可以作为了解他人、了解世界的窗口，对于比较喜欢的内容，或者正能量内容可以进行点赞、评论等互动。

当然，我们也可以通过“视频号”发布视频或者图片。点击“视频号”界面右上角的“人头”标志，再点击下面的“发表视频”，根据提示一步一步完善信息后，即可发布时长不超过1分钟的视频，或者不超过9张的图片。同时，我们可以看到，点击下方的“发起直播”，根据提示一步一步完善信息后，也可以自己当主播。如图2-25、图2-26所示。

图2-25 点击右上角的“人头”标志

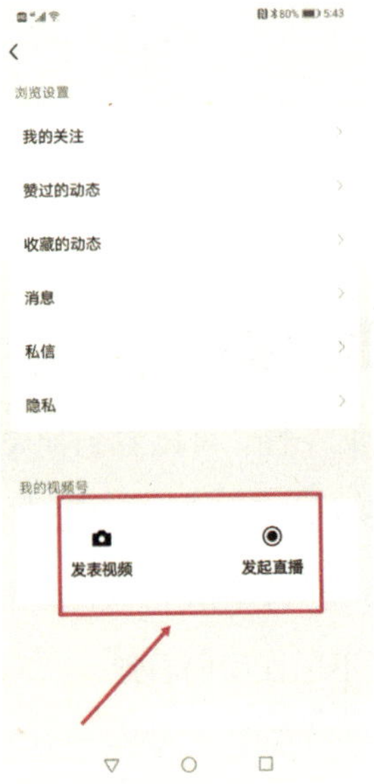


图2-26 发表视频或发起直播

## 2.3.3 扫一扫

“扫一扫”是专为用户打造的手机扫条码应用功能，为用户提供随时随地扫一扫的便捷服务，包括扫码、识物、翻译。通过扫码可以识别二维码、条码、小程序码，比如通过扫一扫微信朋友的二维码，可以加对方为朋友，扫一扫商家的二维码，可以实现快速向商家付款等；通过识物可以识别花草、汽车、商品、红酒、食品等，用手机拍摄需要识别的物品，即便没有找到物品信息，也会为我们推荐相关物品，包括价格、购物链接等；翻译是将手机对正英文或者中文进行拍照后，便会把英文翻译成中文，将中文翻译成英文。

无论是扫码、识物还是翻译，只要轻触点击便会实现随意切换，而且都可以对手机相册中的物品照片进行识别。只要点击右下方的相册图标，即可对手机相册中的照片进行选取并识别。如图2-27所示。

图2-27 选择相册图片

## 2.3.4 摇一摇

通过“摇一摇”，我们可以找到这个世界上同一时间也在摇手机的朋友。当我们点击“摇一摇”后，首先会弹出一个“不要轻信摇到的陌生人”的提示，需要我们点击下面的“我知道了”才能开始启用“摇一摇”功能。

同时，通过“摇一摇”不仅可以匹配到同一时段触发该功能的微信用户，从而增加用户间的互动和微信黏度，而且可以通过点击“摇一摇”界面中的“歌曲”“电视”，识别听到的声音以及听到的电视节目。如图2-28所示。

图2-28 识别到的同一时间使用摇一摇功能的微信朋友

## 2.3.5 看一看

“看一看”是微信推出的一个方便查看新闻热点的功能。点击“看一看”后，在跳转的界面中可以查看热点内容，以及通讯录中的微信朋友所关注的热点内容有哪些。如图2－29所示。

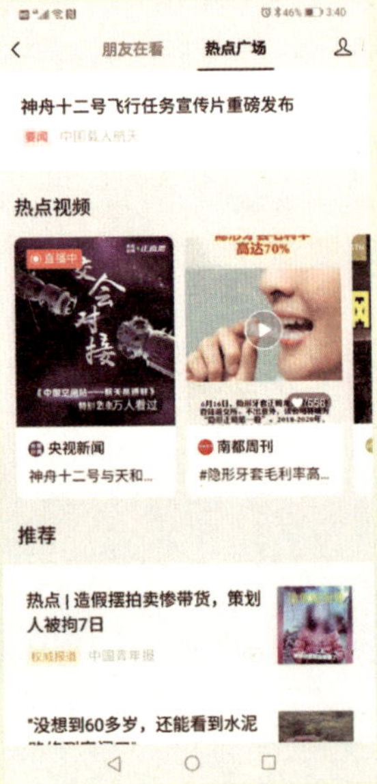


图2－29 “看一看”界面

## 2.3.6 搜一搜

“搜一搜”是微信于2017年5月18日新增的一个功能。点击“搜一搜”可以直接通过热词搜索对应的文章、朋友圈、公众号、小说、音乐、表情等。如图2－30所示。

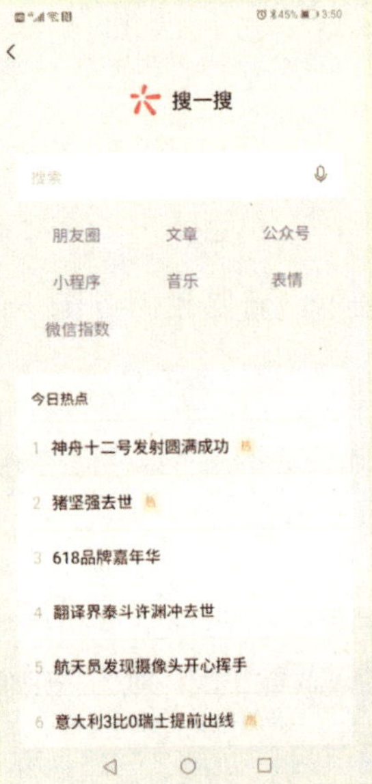


图2－30 “搜一搜”界面

## 2.3.7 直播和附近

“直播和附近”其实可以看作是“视频号”的升级与补充，因为通过“直播和附近”功能，我们不仅可以看到一些视频，尤其是同城的视频，而且可以有针对性地查看直播视频，比如购物、游戏、才艺、新闻等，甚至可以有选择性地查看附近的人，比如只看女生、只看男生等，包括打招呼、互加朋友等都可以实现。如图2-31、图2-32所示。

图2-31 “直播和附近”界面

图2-32 查看附近的人

## 2.3.8 购物

“购物”是微信推出的一款便于采购物品的应用。点击“购物”后，界面会自动跳转至由京东推出的购物平台，其中的商品可谓一应俱全，包括服装、食品、百货、运动等。如图2-33所示。

图2－33　“购物”界面

## 2.3.9 游戏

“游戏”功能不难理解，即为了方便大家娱乐，而将众多热门游戏进行了集合，比如王者荣耀、和平精英、欢乐斗地主等。如图2－34所示。

图2－34　“游戏”界面

# 2.4 “我”界面

在微信主界面的功能标签栏中，“我”位于界面底部的最右侧。点击进入“我”界面后，我们会发现这里有很多经常使用的功能，比如通过支付，可以进行手机充值、生活缴费等。如图2－35所示。

图2－35 “我”界面

## 2.4.1 个人信息

我们可以发现，“个人信息”功能并没有直观地体现在“我”界面上，而是需要点击左上角的微信头像方可进入“个人信息”界面。在“个人信息”界面，我们可以针对微信头像、昵称、微信号、二维码名片、我的地址等进行设置。需要注意的是，微信号是账号的唯一凭证，一年只能修改一次。如图2－36所示。

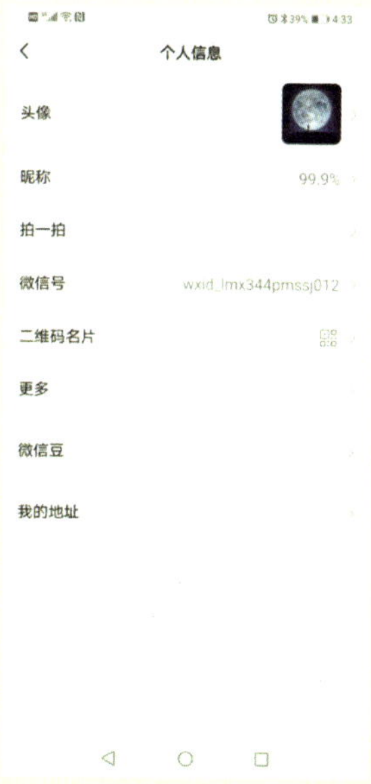


图2－36 “个人信息”界面

## 2.4.2 支付

微信的“支付”功能已经变得越来越强大，在这里我们可以完成收付款，查看钱包余额，还可以快速处理生活与工作中的一些收付费行为，包括金融理财、生活服务、交通出行、购物消费，可以说小到手机充值，大到找房买房，都可以在这里完成。如图2-37所示。

图2-37 “支付”界面

## 2.4.3 收藏

如果对于“收藏”功能用一个比较形象的比喻来说明，就犹如一个收容所，我们可以将重要的、喜欢的图片、视频、链接、文件、音乐、笔记等全部放到这里来，而且其已经做好了分类。我们轻触点击某一个分类的名字，便可以快速查找到相关的收藏内容。如图2-38所示。

图2-38 “收藏”界面

## 2.4.4 朋友圈

此“朋友圈”并非“发现”界面中的“朋友圈”。“发现”界面中的“朋友圈”可以查看所有允许我们看到其状态的微信朋友的感悟等，而“我”界面中的“朋友圈”通常只能查看自己发表朋友圈使用过的图片、视频等。如图2-39所示。

图2-39 “朋友圈”界面

## 2.4.5 卡包

“卡包”功能主要是针对使用微信办理的各类会员卡、券和礼品卡、票证等进行收录，是将实体卡券等电子化，便于携带与使用，而且不会轻易丢失。如图2-40所示。

图2-40 “卡包”界面

## 2.4.6 表情

“表情”是一个很有意思的功能，在这里我们可以找到很多有趣的表情包，添加后即可在与微信朋友聊天过程中使用，比如搞怪的、祝福的，可谓应有尽有，丰富了聊天语言。如图2－41所示。

图2－41 “表情”界面

## 2.4.7 设置

“设置”功能一般来说使用的频率不会很高，因为我们在第一次完善设置后，通常是在需要切换账号，或者退出微信账号的时候使用。而具体如何完善设置我们将在下面的内容中进行详述，所以这里不再赘述。如图2－42所示。

图2－42 “设置”界面

# 第3章 微信设置

## 3.1 个人信息设置

在第二章的内容中我们讲到了个人信息设置选项位于“我”界面中，即位于“我”界面的最上方显示头像、昵称、微信号的位置。点击头像、昵称或者微信号均可进入“个人信息”界面，然后便可以针对头像、昵称等进行具体设置。

### 3.1.1 头像设置

进入“个人信息”界面后，便可以看见“头像”选项，进而具体设置自己喜欢的头像。

第一步，点击“头像”，界面会跳转至手机相册，我们可以从中选择喜欢的照片作为头像，也可以通过点击左上方的照相机图标重新拍摄图片作为头像。如图3-1所示。

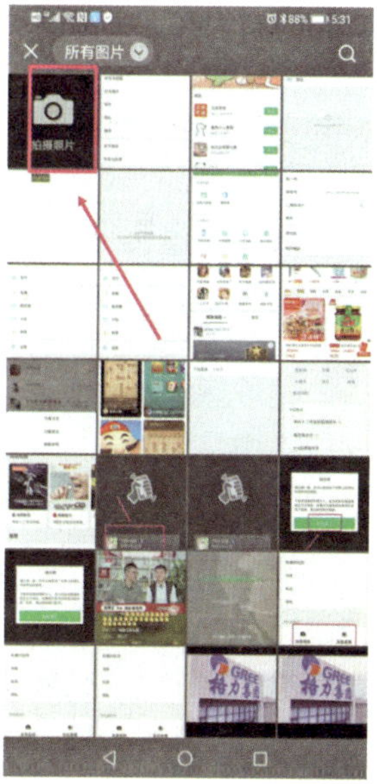


图3-1　照相机图标

第二步，无论是拍摄新的图片，还是从相册中选取的图片，点击图片之后，便会进入图片设置界面。在界面的下方点击左数第三个按钮，可以实现将图片360度旋转，每旋转一次为90度。如果旋转的角度不合适，可以点击左数第二个按钮恢复原图。同时，我们可以用手指轻点图片实现上下左右移动。当我们将角度以及上下位置设置完成后，点击右下角的“确定”，等待上传即可。上传成功，则意味着新头像设置完成。如图3-2所示。

图3-2　旋转180度后的图片

我们在添加微信朋友的时候，往往会看一下对方的头像，从而建立对这个人的第一印象。换位思考，如果我们想要在社交网络中给人留下好印象，设置一个比较有特点的头像，无疑也是一个加分项。

## 3.1.2 昵称设置

微信在社交中的作用已经越来越重要。想要给人留下良好的第一印象，除了设置一个让人容易记住的头像之外，设置一个朗朗上口的昵称，也是非常有必要的。

以普遍采用的昵称来说，往往有字母、符号、汉字、表情、拼音、数字等，以及这些因素相互组合而成的昵称。具体设置流程如下：

第一步，点击微信主界面右下角的“我”，再点击上方的头像进入“个人信息”界面，便可看见“昵称”选项。如图3-3所示。

第二步，点击“昵称”，进入“更改名字”界面，输入具体昵称之后，点击右上角的“保存”即可。如图3-4所示。

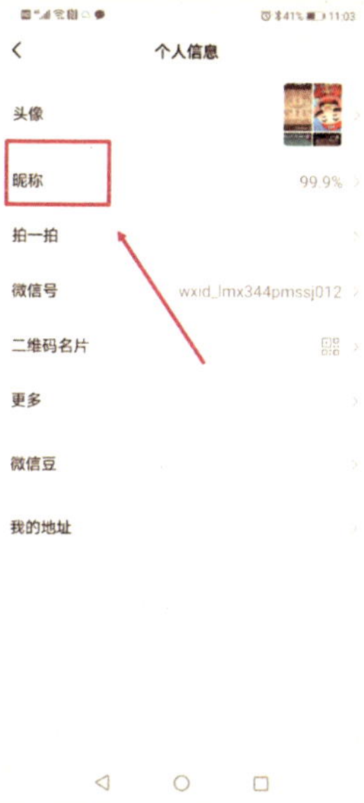


图3-3 “昵称”选项

图3-4 更改昵称

通常，在微信通讯录界面中会以昵称的第一个首字母进行排列，所以如果我们想要在朋友的通讯录中排在前面的位置，可以在昵称前面加上大写字母“A”，方便朋友更快速地找到我们。

## 3.1.3 拍一拍

2020年6月17日下午，在iOS和Android版本中微信同时上线了一个新功能——拍一拍，但必须将微信升级至最新版本后才能使用。“拍一拍”的主要作用是提醒对方，我们也可以拍自己，既可以在群聊中使用，又可以在个人对话中使用，只要双击对方或自己的头像即可。

然而，相对于QQ的窗口震动和微信群聊的@功能，“拍一拍”的提醒方式，虽然可以让对方的头像出现震动现象，同时也会震动手机，但并不是特别突出。因为使用“拍一拍”功能后只是会在聊天窗口中出现“你拍了拍xxx”的字眼，被拍者的头像也只是会短暂震动，仅有一秒时间，所以在显示方面不是很明显。如图3-5所示。

这是不是就意味着“拍一拍”功能形同虚设呢？其实也不是，如果想要进一步发挥“拍一拍”提醒的作用，只要优化设置就行。

第一步，点击微信主界面右下角的“我”，再点击上方的头像，进入“个人信息”界面后，便可以看见“拍一拍”选项。如图3－6所示。

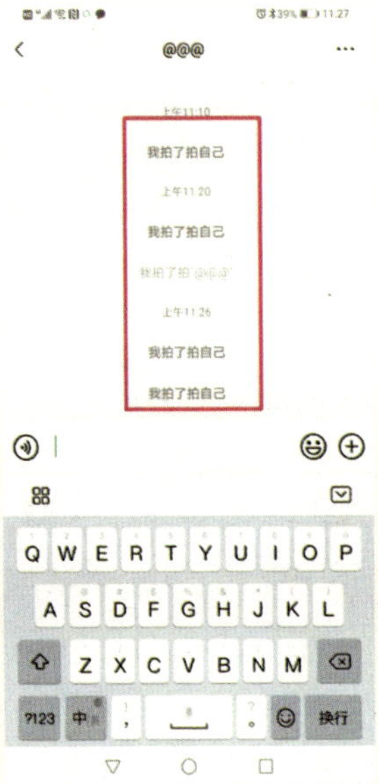


图3－5　拍自己

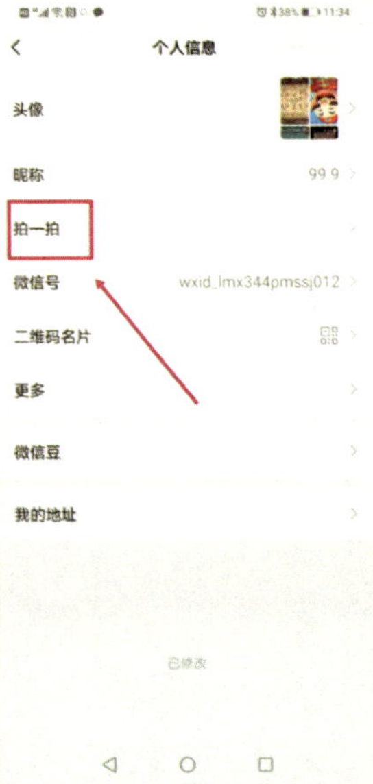


图3－6　“拍一拍”选项

第二步，点击“拍一拍”，进入“设置拍一拍”界面，在“朋友拍了拍我”后面可以输入文字、表情、符号、字母、数字等，然后点击“完成”即可。当朋友拍我们的时候，我们输入的文字、表情等便会出现，提醒的作用将会更加突出。如图3－7、图3－8所示。

图3－7　设置拍一拍

图3－8　设置拍一拍后出现的提示

## 3.1.4 微信号

微信号就犹如我们的“身份证”一样，是微信账号的唯一凭证，使用的概率并不是很大。因为我们在与朋友互加微信的时候，一般是通过手机号添加，或者通过二维码扫一扫添加，所以不会轻易改动。

当然，如果我们想要或者习惯通过微信号互加朋友，也可以进行设置。因为自动生成的微信号一般比较烦琐，通常是由字母、符号、数字组成，不容易被记住，我们可以将其改为一个比较容易记住的微信号。

第一步，通过微信主界面右下角的“我”进入“个人信息”界面后，点击“微信号”。当界面跳转后，点击下方的“修改微信号”。如图3-9所示。

第二步，在“安全验证”界面填写微信登录密码，点击下方的“验证”。如图3-10所示。

微信号: wxid_lmx344pmssj012
微信号是帐号的唯一凭证，一年只能修改一次。
修改微信号

图3-9 点击“修改微信号”

安全验证
填写当前微信登录密码，验证本人身份。
填写密码
验证

图3-10 输入微信登录密码

第三步，在“填写新的微信号”界面输入新的微信号，点击“下一步”。需要注意的是，微信号的第一位必须是字母。如图3-11所示。

第四步，在下面提出的提示中，阅读《重要提醒》后在其前面的圆圈内勾选，并点击下方的“确定”，即可完成微信号的更改。如图3-12所示。

填写新的微信号
微信帐号长度限6-20位，建议避免包含姓名、
生日等涉及个人隐私的信息。
新的微信号
下一步

图3-11　输入新的微信号

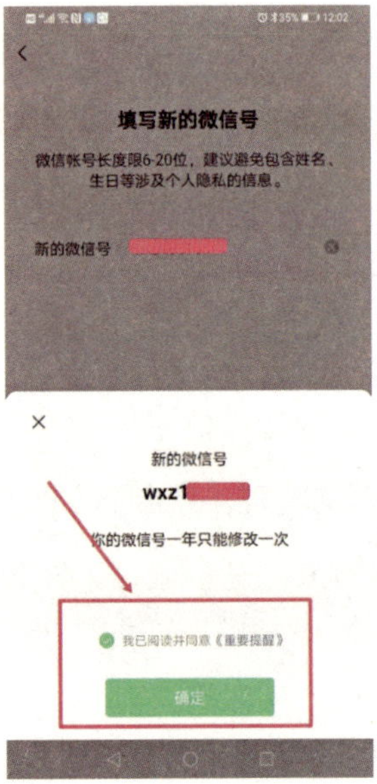
填写新的微信号
微信帐号长度限6-20位，建议避免包含姓名、
生日等涉及个人隐私的信息。
新的微信号
新的微信号
你的微信号一年只能修改一次
我已阅读并同意《重要提醒》
确定

图3-12　点击“确定”

## 3.1.5 二维码名片

二维码名片的作用是展示给别人后，对方通过微信扫一扫功能，扫描我们的微信二维码名片后即可添加为朋友。

每个成功注册的微信都会自动生成一张二维码名片，但这个二维码名片并不是一成不变的，我们可以根据对方是否方便扫描，以及样式是否是自己喜欢的，进行随意更改。

通过点击微信主界面右下角的“我”，并在“我”界面的上方点击微信头像进入“个人信息”界面，找到“二维码名片”选项并点击。

进入“二维码名片”界面后，点击右上角的“…”符号，在下方弹出的提示中点击“换个样式”，即可替换之前的二维码名片，而且与之前的二维码名片具有相同的作用。同时，我们也可以点击“重置二维码”，让之前的二维码名片失效，从而获得一个全新的二维码名片。如图3-13、图3-14所示。

图3－13 “换个样式”选项

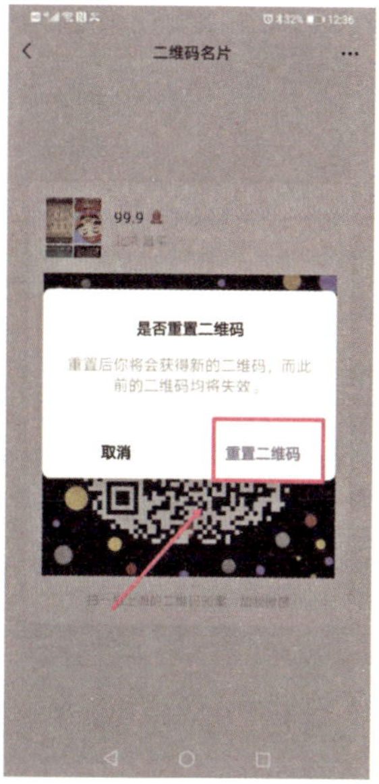


图3－14 重置二维码

## 3.1.6 性别、地区及个性签名

“性别、地区及个性签名”的设置是对个人信息的进一步完善，是朋友之间进一步了解的内容。这些信息一般会在微信朋友的手机上显示，在自己的微信号上并不会显现。

然而，“性别、地区及个性签名”的选项在微信功能中并没有明确显示，需要我们通过点击微信主界面右下角的“我”，再点击“我”界面上方的微信头像，进入“个人信息”界面后，点击“更多”选项，才能对“性别、地区及个性签名”根据自己的具体情况进行设置。如图3－15、图3－16所示。

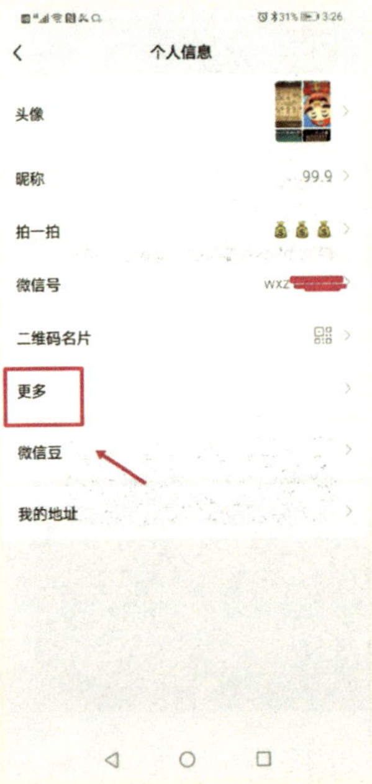


图3－15 “更多”选项

图3－16 “性别、地区及个性签名”设置

## 3.1.7 微信豆

随着微信版本的不断升级，新功能也越来越多，而“微信豆”就是微信新版本推出的一款用于打赏直播中主播的虚拟代币，可以在视频号的直播中购买虚拟礼物。

每个微信号的“微信豆”都是需要自己去购买的。如果我们有需要用到“微信豆”的地方，便可以通过点击微信主界面右下角的“我”，再点击“我”界面上方的微信头像，进入“个人信息”界面后即可看到“微信豆”选项。

点击“微信豆”，再点击“充值”，便会弹出购买选项。我们可以根据自己的需求选择对应充值金额（一般情况下，1元可以购买10个“微信豆”），然后点击下方“同意《微信豆充值协议》”前面的小圆圈。最后，在弹出的验证提示中点击“前往验证”即可实现购买。如图3－17、图3－18所示。

图3－17 选择充值金额

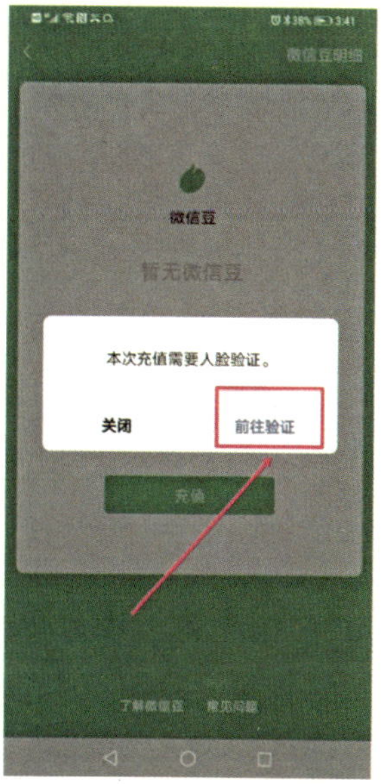


图3－18 进行人脸验证

成功购买“微信豆”以后，返回微信“发现”界面，找到“直播和附近”选项，进入后即可根据自己的需要使用“微信豆”。

## 3.1.8 我的地址

“我的地址”的设置，其实是我们通过微信购买物品后，为了方便商家按照该收货信息及时发货而设计的一种功能。

点击微信主界面右下角的“我”，再点击“我”界面上方的微信头像，进入“个人信息”界面后，找到“我的地址”选项并点击。当界面跳转至“我的地址”界面后，点击右上角的“＋”符号，即可对收货人、手机号码、地区信息、详细地址、邮政编码进行填写，完成后点击右上角的保存即可。如图3－19、图3－20所示。

图3－19 “＋”符号

图3－20 详细地址信息的填写

## 3.2 其他设置

其他设置指的是在“我”界面下方的“设置”选项，点击进入“设置”界面后，可以对微信的安全性等进一步完善。如图3－21所示。

图3－21 “设置”界面

## 3.2.1 账号与安全

在“设置”界面的最上方点击“账号与安全”选项，即可进入“账号与安全”设置界面。我们可以看到界面中包含微信号、手机号、微信密码等选项，可以依次点击进行具体设置。如图3-22所示。

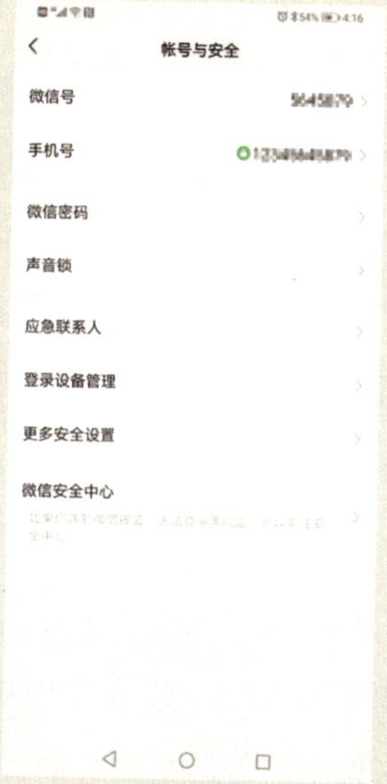


图3-22 “账号与安全”界面

对于“微信号”的设置我们在前面的内容中已经讲过，修改过一次以后在一年之内是无法再次修改的。

“手机号”通常是我们注册微信账号时的手机号，如果之前的手机号不再使用，或者有其他变动情况，可以点击“手机号”选项，在“绑定手机号”界面点击“更换手机号”进行更换。

当我们的微信号被别人使用后，或者在不安全的地方登录后，比如网吧等，可以及时进行密码的修改，以保证微信账号的安全。具体操作方法是，点击“微信密码”，在“设置密码”界面重新设置新密码（需要注意的是密码不能是纯数字，必须是8-16位的数字、字符组合），最后点击右上方的“完成”即可。

“声音锁”也是加强微信账号安全性的功能。点击“声音锁”选项，进入“声音锁”界面后再点击“创建”，即可朗读一段数字，做一把声音锁，可以帮助我们用声音直接登录微信。

“应急联系人”的作用主要是在我们忘记密码的时候，可以通过这些人进行密码的找回。一般是选择3位以上的关系比较亲近的微信朋友作为紧急联系人，比如家人、同事等。

“登录设备管理”是对微信号所使用过的手机进行备注。如果我们曾经使用他人的手机设备登录过微信号，那么他人在日后依然可以不通过身份验证直接登录我们的微信号，这就会对微信号的安全性造成威胁。所以我们需要在“登录设备管理”界面点击右上角的“编辑”，将使用过的他人的手机设备进行删除。

“更多安全设置”主要是针对QQ号、邮箱进行绑定设置，我们在前面的内容中已经讲过，这里不再赘述。同时，我们也会发现在“更多安全设置”界面还有一个“手机安全防护”选项，点击进入“手机安全防护”界面后，可以通过下载手机管家，让微信以及其他手机应用避免恶意软件和病毒的侵扰，降低盗号风险和提高隐私安全。

“微信安全中心”则是针对忘记密码、违规操作被封、手机丢失或者账号被盗、遭受侵扰或者侵权以及确定不再使用该微信账号后，进行密码申诉、解封账号、冻结账号、解冻账号、投诉维权、注销账号。

## 3.2.2 青少年模式

可以说，“青少年模式”是一项非常人性化的功能，也可以看作是对家庭教育的辅助。因为开启“青少年模式”后，当未成年的孩子使用微信小游戏、小程序、视频号、公众号、搜一搜、看一看等功能时，都会受到一些保护限制。

在“设置”界面点击“青少年模式”，界面跳转后，点击“我已阅读并同意《微信青少年模式功能使用条款》”前面的小圆圈，再点击“开启青少年模式”。在跳转的新界面中按照提示输入微信登录密码，点击“验证”即可。如图3－23、图3－24所示。

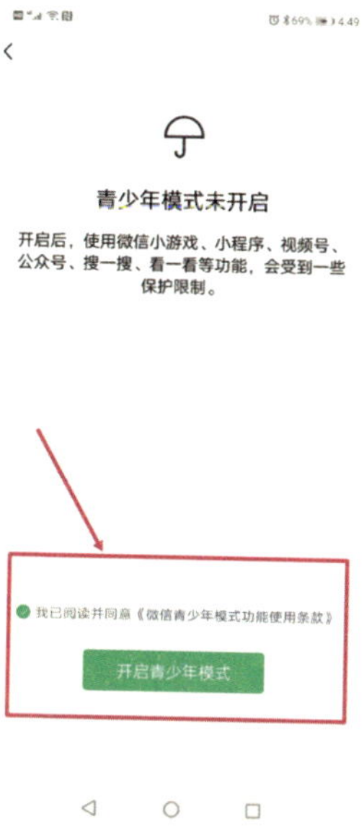


图3－23　点击“开启青少年模式”

图3－24　输入微信登录密码

## 3.2.3 新消息提醒

“新消息提醒”主要是通过相关设置，当我们的微信接收到新消息或者有内容更新时，会出现或者不出现红点提示以及数字提示。同时，我们也可以对提示的声音与振动进行设置。

点击“设置”界面中的“新消息提醒”，进入“新消息提醒”界面后，点击每个对应选项后面的小圆点，使其从灰色变成绿色，则表示将相关对应功能打开了。当然，我们可以根据自己的需求，对于不需要提示的消息，可以选择将其关闭。如图3－25所示。

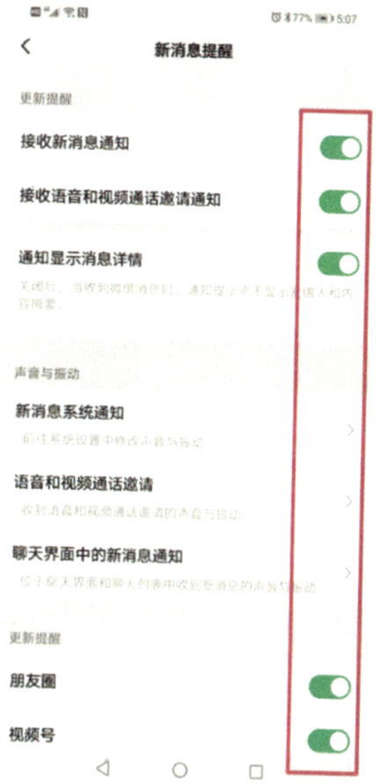


图3－25　“新消息提醒”设置

## 3.2.4 勿扰模式

“勿扰模式”是针对我们在不方便接收消息时（比如开会、休息时）的功能设置。

点击“设置”界面中的“勿扰模式”，进入“勿扰模式”界面后，点击“勿扰模式”后面的小圆点，使其从灰色变成绿色，然后可以针对具体的时间段进行设置，完成后则表示已经成功开启勿扰模式，即收到新消息时不会响铃或者振动。如图3－26所示。

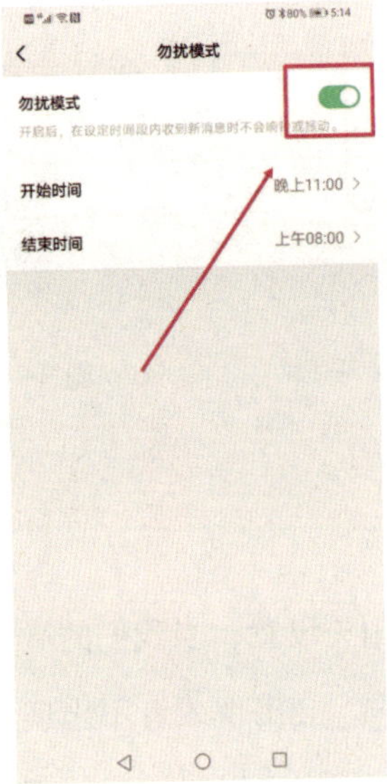


图3－26　开启“勿扰模式”

## 3.2.5 聊天设置

我们点击“设置”界面中的“聊天”选项，即可进入“聊天”设置界面。在这里，我们可以通过点击“使用听筒播放声音”“回车键发送消息”后面的小圆点，将其开启后，当接收到声音消息时便不会通过播放器进行播放了，具有一定的隐私性；而且在发送消息时，也不用每次都点击聊天界面中下方的“发送”，直接点击回车键即可发送。如图3－27所示。

点击“聊天背景”，在“聊天背景”界面可以选择微信自带的背景图，也可以从相册中选择，或者自己拍一张图片作为背景。但无论是通过哪种方式选择背景图，我们最终都必须选择“将选择的背景图应用到所有聊天背景”，并在弹出的提示中选择“确定”，背景图才能生效。所以，在这里设置聊天背景的时候需要注意，如果没有必要，可以选择放弃，在需要设置聊天背景的微信朋友的对话窗口中可以单独设置。如图3-28所示。

点击“表情管理”进入“我的表情”界面后，可以对“添加的单个表情”“我的自拍表情”进行设置，尤其是通过点击右上角的“排序”，可以将自己喜欢的表情排列到前面，便于使用。如图3-29所示。

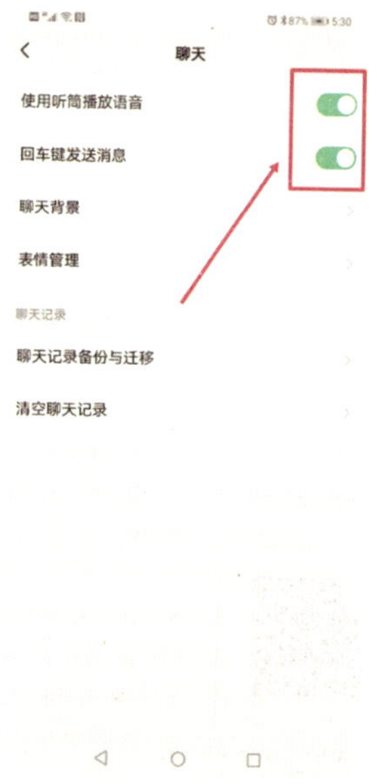


图3-27　设置听筒播放和回车键发送消息

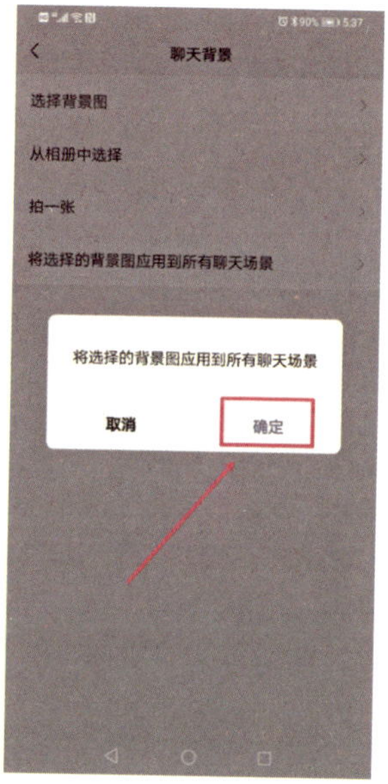


图3-28　设置聊天背景

图3-29　“排序”选项

点击“聊天记录备份与迁移”并进入该界面后，通过点击“迁移聊天记录到另一台设备”以及“选择聊天记录”，可以对需要迁移的聊天记录进行筛选。在“选择聊天记录”界面，可以点击左下角的“全选”，将所有的聊天记录进行迁移，也可以通过点击微信朋友或者群聊后面的小圆圈，有选择性地进行迁移；同时我们还可以通过点击下方的“选择时间和内容”，将需要迁移的聊天记录进行细化，筛除无用的聊天记录，只迁移重要的信息。确定需要迁移的聊天记录后，点击右下角的“完成”，最后使用需要迁移的设备登录该微信账号后扫描弹出的二维码即可。如图3-30、图

3-31、图3-32、图3-33所示。

图3-30 “迁移聊天记录到另一台设备”选项

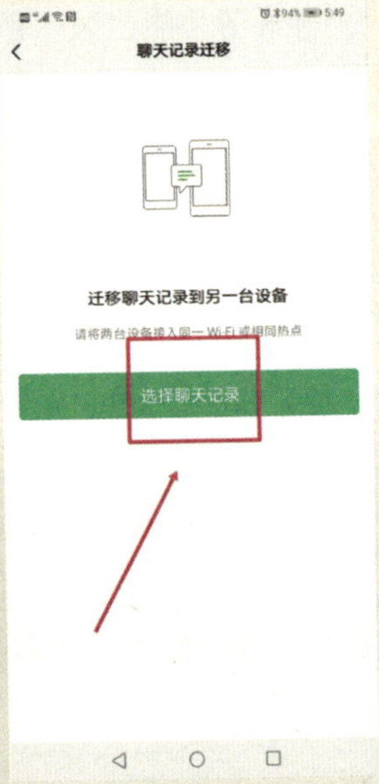


图3-31 点击“选择聊天记录”

图3-32 有针对性地选择聊天记录

图3-33 扫描二维码

在“聊天记录备份与迁移”界面中还有一个选项，即“备份聊天记录到电脑”，点击后，会弹出具体的操作步骤，按照提示操作即可。如图3-34所示。

在“聊天”设置界面的最下方是“清空聊天记录”选项，点击后即可清空所有个人与群的聊天记录。如果有重要信息，需要慎重点击；如果确定需要全部清空，在弹出的提示中点击“清空”即可。如图3－35所示。

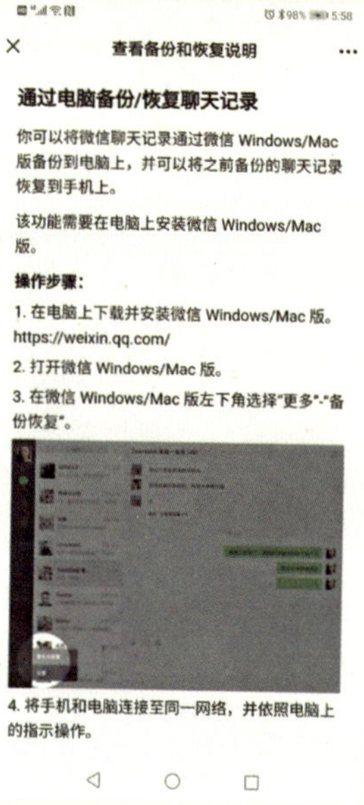
查看备份和恢复说明
通过电脑备份/恢复聊天记录
你可以将微信聊天记录通过微信 Windows/Mac 版备份到电脑上，并可以将之前备份的聊天记录恢复到手机上。
该功能需要在电脑上安装微信 Windows/Mac 版。
操作步骤：
1. 在电脑上下载并安装微信 Windows/Mac 版。
https://weixin.qq.com/
2. 打开微信 Windows/Mac 版。
3. 在微信 Windows/Mac 版左下角选择"更多"-"备份恢复"。
4. 将手机和电脑连接至同一网络，并依照电脑上的指示操作。

图3－34　电脑备份聊天记录操作步骤

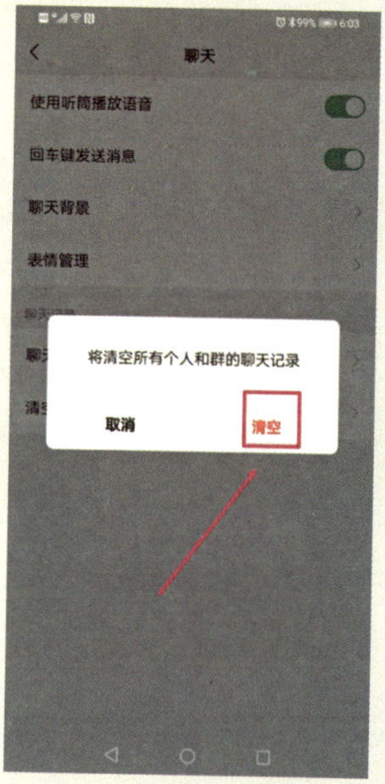
聊天
使用听筒播放语音
回车键发送消息
聊天背景
表情管理
将清空所有个人和群的聊天记录
取消
清空

图3－35　确定“清空”选项

## 3.2.6 隐私设置

在“设置”界面中点击“隐私”选项，进入“隐私”设置界面后，我们可以发现有很多关于个人的活动、感悟等私密信息。如图3－36所示。

例如，我们将“加我为朋友时需要验证”后面的小圆点开启，在别人添加我们为朋友时，必须经过我们验证通过，彼此方可成为朋友。如图3－37所示。

再比如，点击“添加我的方式”，可以针对他人添加我们为朋友时的途径和方式进行设置。如果我们只想让他人通过微信号添加，那么把其他方式后面的小圆点关闭即可。如图3－38所示。

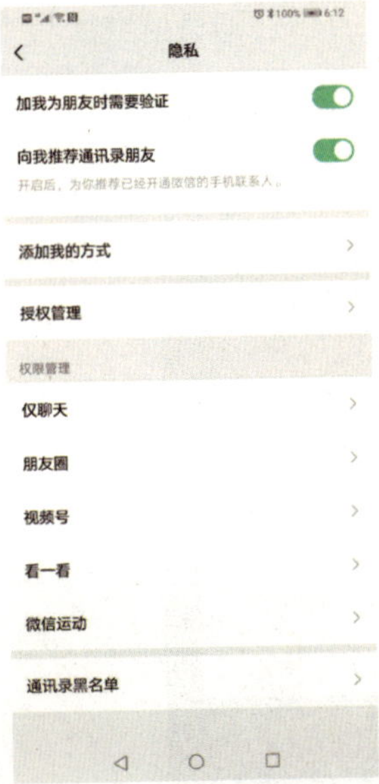


图3－36　“隐私”设置界面

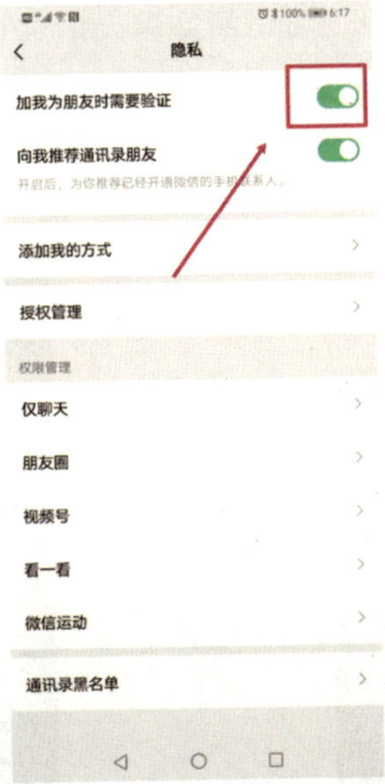


图3－37　开启“加我为朋友时需要验证”

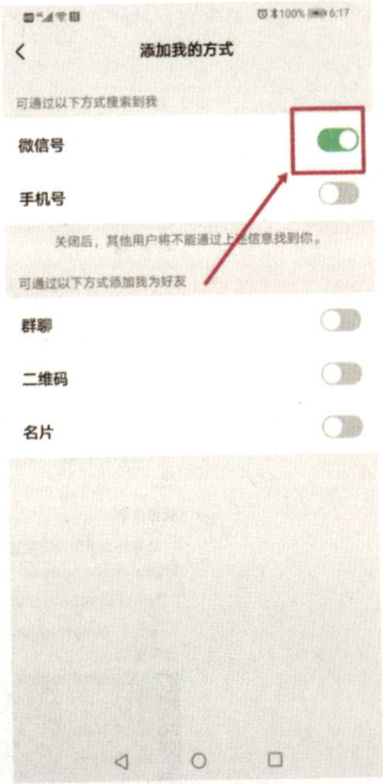


图3－38　选择添加我的方式

其他选项设置都有相关提示，我们只要按照提示，并结合自己的需要进行设置即可。

## 3.2.7 通用设置

“通用”功能在使用微信过程中的频率不是很大，我们只需要在“设置”界面点击“通用”，进入“通用”设置界面后，针对每一个选项进行点击，并结合自己的实际情况，以及相关提示进行设置即可。如图3－39所示。

图3－39　“通用”设置界面

# 第4章 添加微信朋友

## 4.1 通过账号添加朋友

微信作为社交的一种重要工具，正在改变人们的生活方式，尤其正在快速地改变着人们的沟通方式。这得益于微信多种添加朋友的方式，比如微信账号、QQ账号等，让微信用户之间可以快速建立联系。

在微信主界面，点击右上角的+符号会弹出一个选项框，找到“添加朋友”选项并点击，即可进入“添加朋友”界面。如图4－1所示。

图4－1 “添加朋友”选项

进入“添加朋友”界面后，我们可以发现在界面的上方有一个搜索框，将我们需要添加的微信朋友的微信账号输上去，点击下面弹出的“搜索”选项便会找到需要添加的微信朋友。如图4－2、图4－3所示。

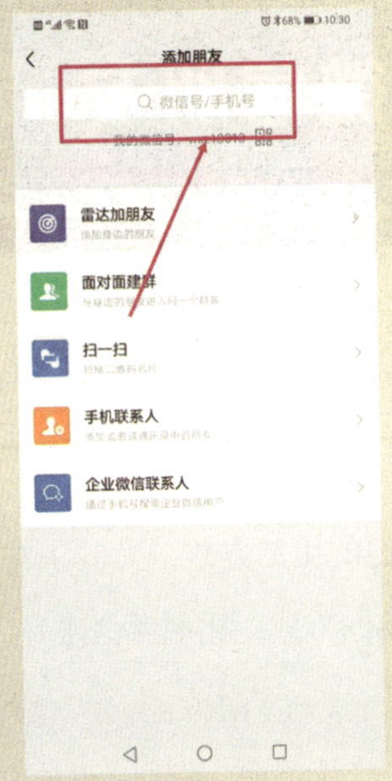


图4－2　搜索框

图4－3　输入微信账号

在搜索到的微信朋友界面，我们可以先点击“设置备注和标签”，将朋友的昵称备注为自己容易找到的名称即可，同时可以将朋友按照不同的标签进行分类，也可以进行简单的描述。备注和标签设置完成后，点击右上角的“保存”。如图4－4所示。

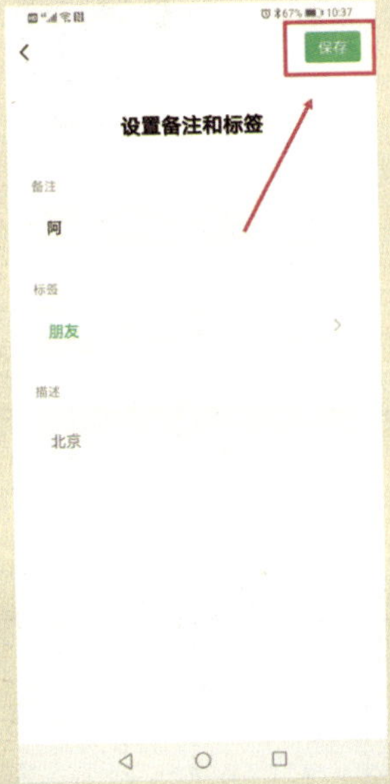


图4－4　设置备注和标签

回到搜索到的微信朋友界面后，点击“添加到通讯录”便会进入“申请添加朋友”界面。这时需要我们注意的是，在“申请添加朋友”界面需要我们填写添加对方的理由，从而提高添加朋友的成功率。而下面的几个选项，我们可以根据自己的需求设置朋友权限、朋友圈和动态。所有选项设置完成后，点击“发送”。等待朋友验证通过后，则表示添加朋友成功。如图4-5、图4-6所示。

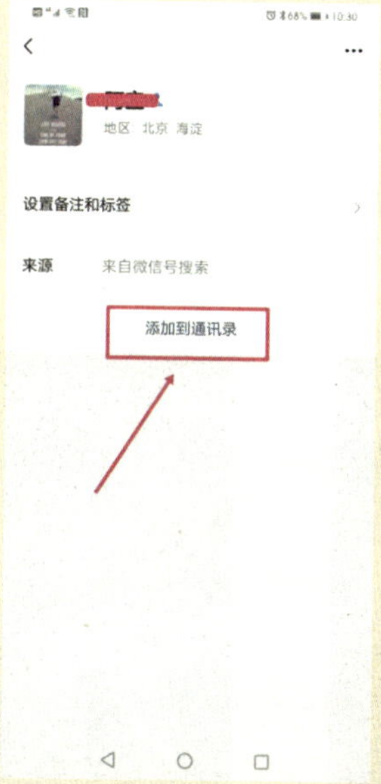


图4-5 “添加到通讯录”选项

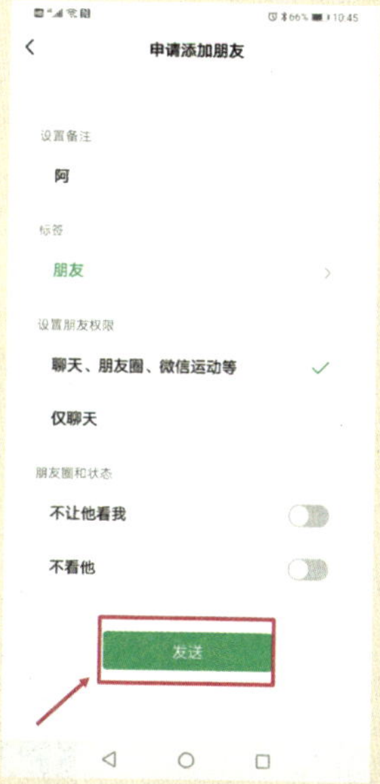


图4-6 发送添加朋友申请

除了可以通过微信账号添加朋友之外，我们还可以通过搜索QQ账号和手机号添加朋友，操作流程与搜索微信账号添加朋友的流程一致，不同的是输入的账号变成了QQ号和手机号。

然而，无论是通过搜索微信账号添加朋友，还是通过搜索QQ账号和手机号添加朋友，如果显示“该用户不存在”，则表示对方关闭了通过微信账号、QQ账号或者手机号找到他的功能。

# 4.2 雷达加朋友

微信的雷达添加朋友功能与微信摇一摇功能非常相似，是一种不需要通过烦琐的输入方式就可以添加微信朋友的方法。

然而，通过雷达添加朋友也会受到距离的限制，一般搜索范围会局限在5米之内，而且必须双方同时开启雷达，才能实现彼此成功搜索到对方。

点击“添加朋友”界面中的“雷达加朋友选项”，进入雷达搜索界面。如果对方也开启了“雷达加朋友”功能，则会在雷达搜索界面搜索到对方。如图4－7、图4－8所示。

图4－7 “雷达加朋友”选项

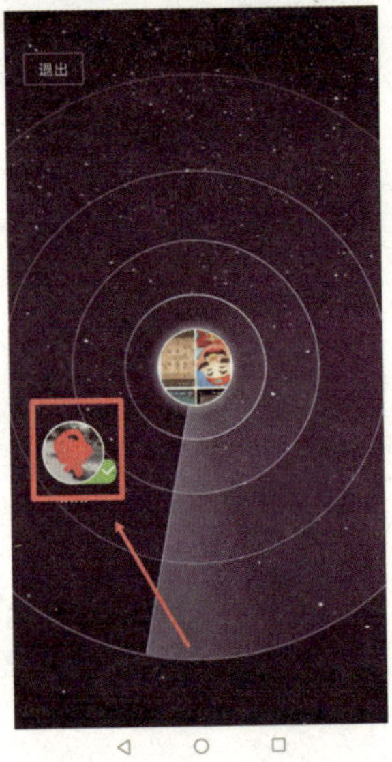


图4－8 雷达搜索到的微信朋友

图4－9 网络错误

如果在双方都开启雷达的情况下，依然搜索不到对方，则可能是网络信号差或者是距离超出限制范围。这时，我们可以重新启动雷达进行搜索。所以，雷达加朋友的方式多适用于同学聚会、朋友聚会、家庭聚会等场景。如图4－9所示。

# 4.3 通过二维码添加朋友

通过二维码添加朋友也是一种便捷的微信添加朋友的方式，可以通过直接扫描对方的二维码名片将对方添加为朋友，或者通过其他朋友分享的二维码名片添加微信朋友，同时也可以将自己的二维码名片分享给朋友。

## 4.3.1 直接扫描对方的二维码

直接扫描对方的二维码多适用于客户洽谈、朋友聚会等场景，大家具备了面对面近距离沟通交流的条件。

这时，我们可以点击“添加朋友”界面中的“扫一扫”，然后对准对方出示的二维码名片进行扫描，然后点击“添加到通讯录”即可。如果对方设置了验证申请，则等待对方验证通过后，彼此便会成功添加为朋友。如图4－10、图4－11所示。

图4－10 “扫一扫”选项

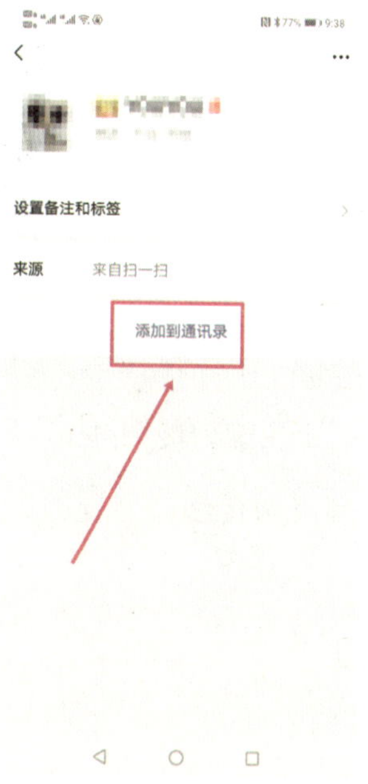


图4－11 添加到通讯录

## 4.3.2 从相册选取二维码

从相册选择二维码添加朋友就是通过扫描他人分享的二维码名片添加微信朋友。当我们接收到他人发送的二维码名片后，首先需要将其保存至手机相册。用手指轻触点击二维码名片，在其放大状态下，点击右下角的“↓”符号即可成功保存图片。如图4-12所示。

图4-12　保存二维码名片

二维码名片保存成功后，点击“添加朋友”界面中的“扫一扫”，并在“扫一扫”界面点击右下角的相册图标（需要注意的是，扫一扫应该处于“扫码”的位置），在弹出的相册界面中找到保存的二维码名片并点击，然后按照提示添加即可。如图4-13、图4-14所示。

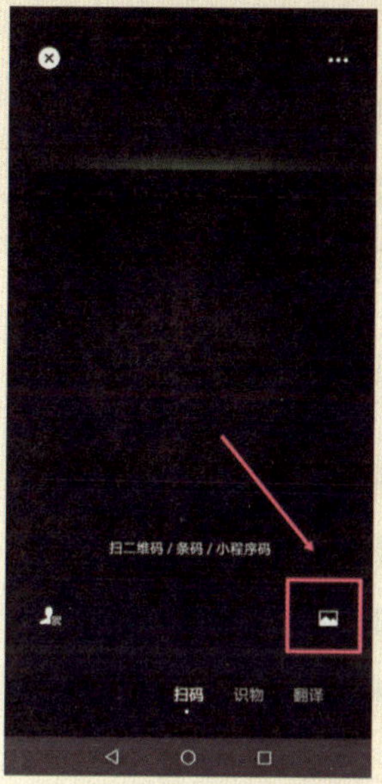


图4－13　相册图标

图4－14　保存到手机相册的二维码名片

## 4.4 添加手机联系人

添加手机联系人是将手机通讯录中使用微信的人自动导入微信中，我们可以查看并添加他们为微信朋友。

点击“添加朋友”界面中的“手机联系人”，进入“查看手机通讯录”界面后，手机通讯录中所有使用微信而且未添加为微信朋友的人都会显示出来，我们可以点击后面的“添加”，在“申请添加朋友”界面点击“发送”即可。如图4－15所示。

图4－15　查看手机通讯录

## 4.5 添加企业微信联系人

企业微信是腾讯微信团队为企业打造的专业办公管理工具。企业微信拥有与个人微信一致的沟通体验，丰富免费的OA应用，并与微信消息、小程序、微信支付等互通，助力企业高效办公和管理。通过企业微信可以添加客户的微信为朋友，通过单聊或群聊为客户提供服务。企业可查看并管理成员添加的微信客户，对离职成员的客户再分配等。

同样，我们使用个人微信也可以添加客户或者朋友的企业微信为朋友，从而进行沟通与交流。

第一步，点击“添加朋友”界面中的“企业微信联系人”，进入企业微信用户搜索界面后，在搜索框中输入企业微信用户的手机号，点击“搜索”。如图4－16、图4－17所示。

图4－16　输入手机号

图4－17　添加到通讯录

第二步，在搜索到的企业微信用户信息界面中点击“添加到通讯录”，跳转至“申请添加朋友”界面后，根据提示完成相关申请、备注与权限设置，点击“发送”即可。如图4－18所示。

图4－18　发送添加朋友申请

在添加企业微信朋友的时候，我们需要注意的一点是，只可以通过搜索企业微信用户的手机号进行添加，否则是查询不到的。

## 4.6 通过同一群聊添加朋友

通过同一群聊添加朋友，是指如果我们在某一个群里面，而且与群里面有些人不是微信朋友，那么就可以通过这一方式进行添加。

第一步，在微信主界面中找到需要添加的微信朋友所在的群并点击。进入群聊界面后，点击右上角的"…"符号，在"聊天信息"界面中找到需要添加的微信朋友后，点击其头像。如图4－19、图4－20、图4－21所示。

图4－19　微信群

图4－20　右上角"…"符号

图4－21　点击需要添加的微信朋友头像

第二步，在需要添加的微信朋友信息界面，根据提示完善备注与标签、个性签名、朋友圈后，点击“添加到通讯录”即可。如图4-22所示。

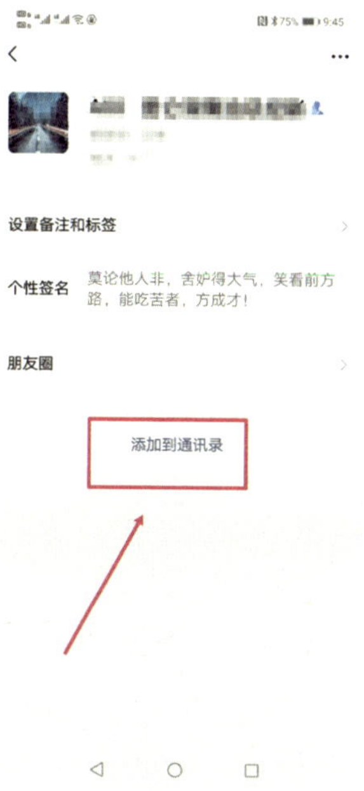


图4-22　添加到通讯录

## 4.7 通过他人推送个人名片添加朋友

通过他人推送个人名片添加朋友属于介绍性添加微信朋友。当我们不知道需要添加的微信朋友的手机号、微信账号、QQ账号，也无法获得对方的二维码名片的情况下，如果其他微信朋友与对方恰好是朋友，那么就可以通过其他微信朋友推送对方的个人名片进行添加。

第一步，由其他微信朋友推送需要添加的微信朋友的个人名片。如图4-23所示。

图4-23　他人推送的个人名片

第二步，点开聊天框，点击“个人名片”。在需要添加的微信朋友信息界面根据提示完善备注与标签设置后，点击“添加到通讯录”。如图4-24、图4-25所示。

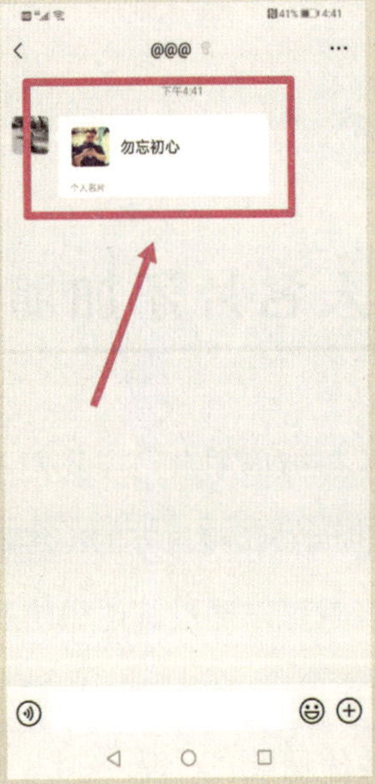


图4-24　点击“个人名片”

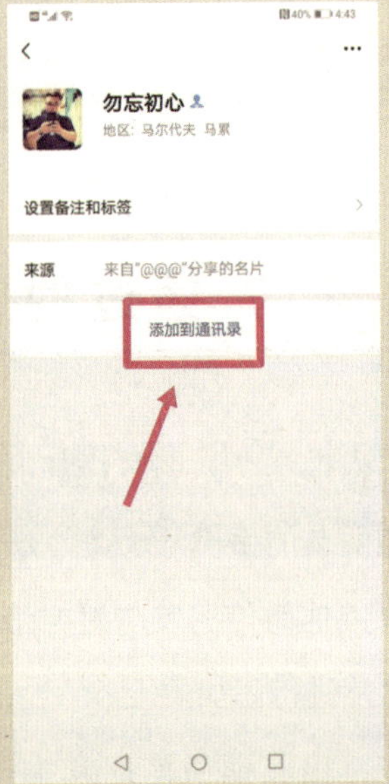


图4-25　添加到通讯录

第三步，界面跳转至“申请添加朋友”后，根据提示继续完善朋友权限、朋友圈和状态设置，完成后点击“发送”即可。如图4－26所示。

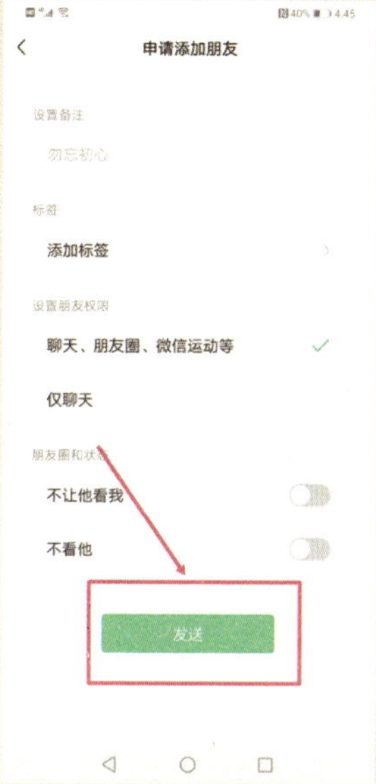


图4－26 发送添加朋友申请

## 4.8 无法添加/搜索不到怎么办

如果我们在添加微信朋友的过程中遇到无法添加或者搜索不到的情况，可能是出于以下几种原因：

首先，由于添加朋友的操作过于频繁而被系统限制，可以等一段时间（一般为24小时之后）再进行操作。

其次，由于微信账号遭人举报而被封号，可以通过申诉获得解封之后再继续添加微信朋友。

最后，由于微信账号严重违规而被彻底封号，这种情况下只能通过重新注册微信账号添加微信朋友。

其实，我们除了可以主动添加微信朋友之外，也可以被动添加微信朋友，即将我们自己的微信账号、手机号、QQ账号、二维码名片等告知对方，让对方进行添加。同时也可以通过第三者推送我们的个人名片给对方，让对方主动添加我们为微信朋友。

从主动变被动也是一种有效规避无法添加或者搜索不到微信朋友的有效方法。

# 第5章 使用微信聊天

## 5.1 微信聊天界面

当我们对微信的相关功能进行了完善设置，并成功添加了微信朋友后，就可以进入微信聊天界面开始准备微信聊天工作了。

### 5.1.1 聊天列表

“聊天列表”位于微信主界面。通过“聊天列表”我们可以查看并快速找到需要聊天的朋友或者群。如图5－1所示。

图5－1 聊天列表

## 5.1.2 聊天窗口设置

在“聊天列表”中选择需要沟通交流的朋友或者群并点击，即可进入聊天窗口界面，与朋友开始聊天。如图5-2所示。

图5-2　聊天窗口

## 5.1.3 搜索朋友

如果在微信列表中没有显示我们需要沟通的朋友，我们也可以通过点击微信主界面右上角的搜索选项进行搜索，但需要注意的是，搜索的时候必须在搜索框中输入我们备注的微信朋友的名称，否则搜索不到。搜索到朋友之后，轻触点击其头像，即可进入聊天窗口界面。如图5-3、图5-4所示。

图5-3　搜索选项

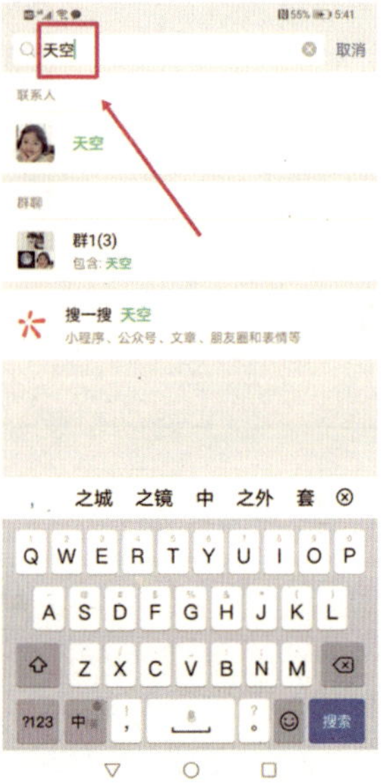


图5-4　输入需要搜索的微信朋友的备注名称

## 5.1.4 搜索聊天记录

我们与朋友的聊天记录往往会非常多，而想要查找某一条或者某一时间段的沟通记录的时候，如果只是通过上下翻找的方式，不仅浪费时间，而且很烦琐。

其实，我们可以点击“聊天窗口”界面右上角的“…”符号进入“聊天信息”界面，然后点击“查找聊天记录”，即可搜索指定内容，如日期（点击后可以查找具体到某年某月某一天的全部聊天记录）、图片及视频、文件、链接、音乐、交易、小程序。如图5-5、图5-6、图5-7、图5-8所示。

图5-5　“…”选项

图5-6　“查找聊天记录”选项

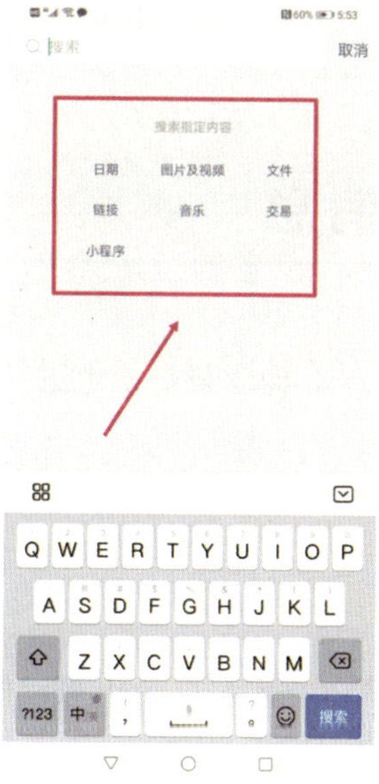


图5-7　指定可以搜索的内容

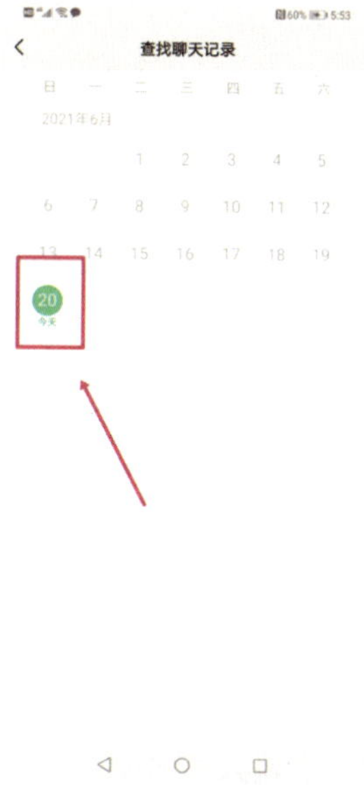


图5-8　选择需要查找的聊天记录的时间

同时，我们也可以在搜索框中输入需要查找的聊天记录的关键词进行搜索，比如想要搜索"您好"，我们可以输入"您"或者"好"，所有与"您"或者"好"相关的聊天记录都会显示出来。如图5-9所示。

图5-9　搜索框搜索聊天记录

## 5.2 文字消息

发送文字消息是与朋友微信聊天的主要方式之一。而想要畅快地进行文字输入，就需要对文字的几种输入方式进行深入了解。

### 5.2.1 通过键盘输入

通过键盘输入文字消息是大部分人采用的方式，我们可以根据自己的输入习惯选择不同的键盘输入方式。

在"聊天窗口"界面中点击下方的消息输入框，即可弹出输入键盘，一般会默认为拼音26键。如图5－10所示。

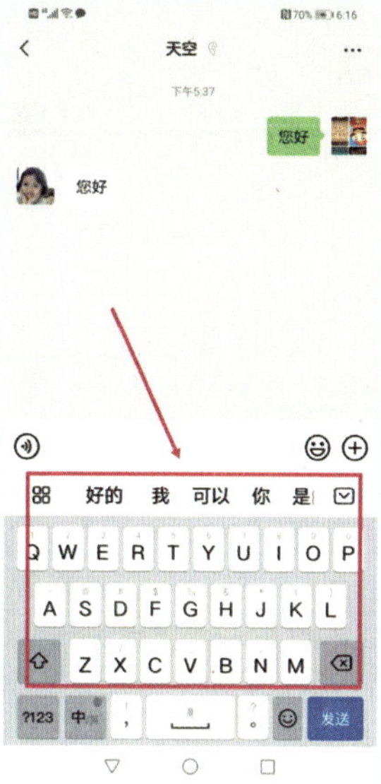


图5－10　拼音26键

如果不习惯使用拼音26键，则可以点击键盘左上方的“88”符号，在弹出的界面中点击“输入方式”，即可选择自己喜欢的输入方法，包括拼音9键、拼音26键、手写、五笔、笔画、仓颉、注音等。如图5－11、图5－12、图5－13所示。

图5－11　“　”符号

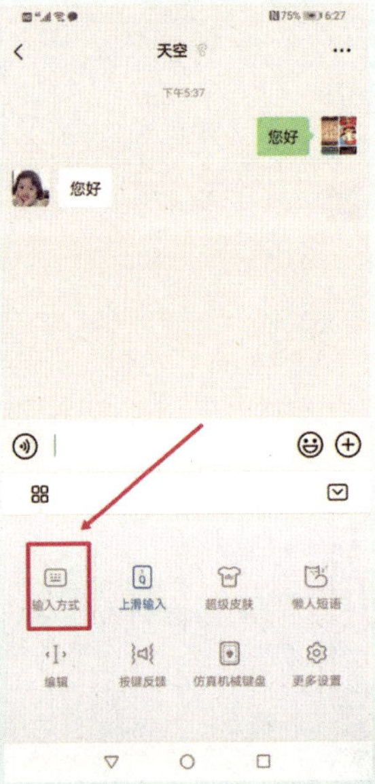


图5－12 “输入方式”选项

图5－13 多种文字输入方式

选择完成后，输入键盘会随之更改。例如，选择手写输入，键盘会变成一块手写板，我们只要在手写板范围内用手指写字即可。如图5－14所示。

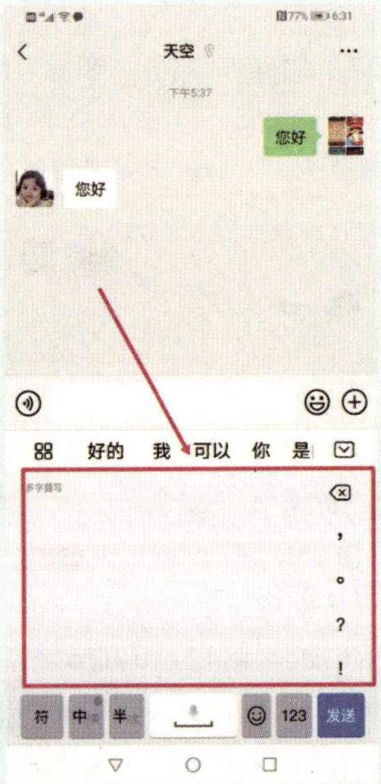


图5－14 手写输入文字键盘

## 5.2.2 通过粘贴输入

通过微信与朋友沟通过程中，除了可以使用键盘输入文字消息外，还可以采用粘贴输入的方式。这种方式一般适用于已有现成的文字内容，可以是其他朋友发送过的文字信息，也可以是其他软件或应用中的文字，比如Word、QQ、网页等。

我们可以在微信、QQ中打开与某个朋友的聊天窗口，或者打开一个Word(网页)，选中其中的某段文字，用手指长按要复制的文字，在弹出的菜单选项中点击“复制”(复制成功后会有“已复制”的字样提示)。之后，找到需要发送的聊天窗口，并用手指长按文字输入框，在弹出的菜单选项中点击“粘贴”即可。如图5-15、图5-16、图5-17、图5-18所示。

图5-15 长按需要复制的文字出现的“复制”选项

图5-16 复制成功提示

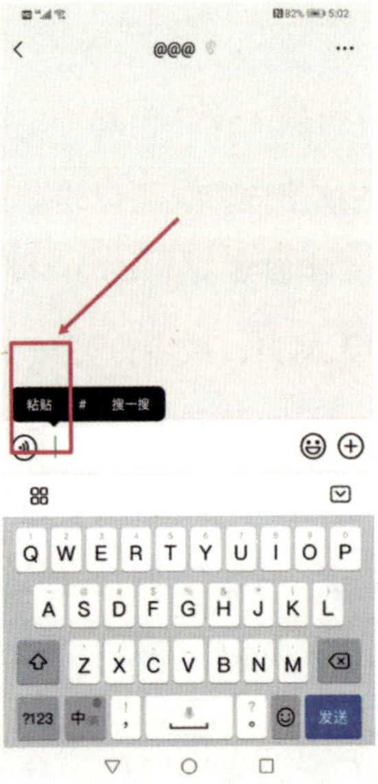


图5－17　长按输入框出现的“粘贴”选项

图5－18　成功粘贴文字

对于打字比较慢的用户来说，粘贴输入的方式无疑是一种福利，可以有效提高文字输入的效率。

## 5.2.3 撤回文字消息

在与朋友沟通的过程中，难免会出现发错对象，或者发送的文字消息不合时宜的情况，这时应该怎么办呢？

其实，我们可以通过使用微信提供的“撤回文字消息”功能，降低朋友产生误会的概率。

在聊天窗口中，用手指长按发错的文字消息，在弹出的菜单选项中点击“撤回”，在聊天窗口中便不会再显示发错的文字消息。如图5－19、图5－20所示。

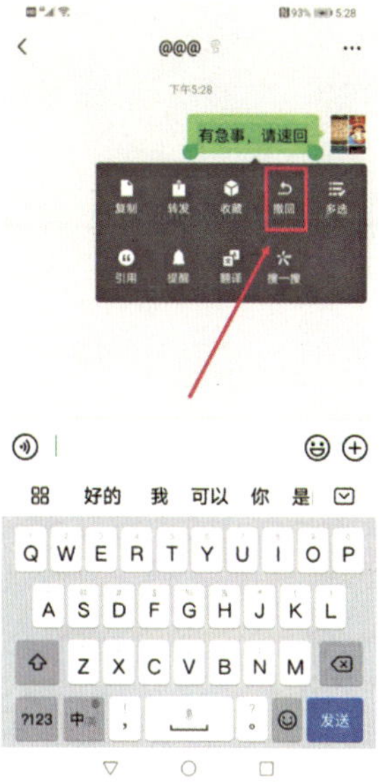


图5－19 “撤回”选项

图5－20 文字消息撤回后的聊天窗口和提示

然而，我们需要注意的是，在撤回文字消息时必须自文字消息发出的2分钟时间内进行撤回操作，如果时间超过2分钟，则无法撤回。

## 5.3 语音消息

由于每个人对于文字内容的理解程度不同，所以在与微信朋友沟通过程中，如果单纯使用文字消息，难免会产生误解。如果我们可以同时辅以语音消息，不仅可以对文字消息进一步解释，便于对方理解，也可以提高沟通效率。

### 5.3.1 切换为语音输入

微信提供的语音输入功能，不仅适用于普通话，而且适用于各种方言，使用起来还是比较方便的。

在“聊天”窗口中，点击文字输入框左边的小喇叭，就可以直接切换为语音输入。如图5-21所示。

图5-21　语音输入切换

## 5.3.2 发送语音消息

虽然语音输入相比文字输入更快速、便捷，而且更易于对方理解我们所要表达的意思，但也是有所限制的，所发送的语音消息时长最长为60秒。也就是说，超过60秒的语音是无法输入和发送的。所以，我们在发送语音消息的时候，一定要注意语音时长，尽量在规定时长内将语音输入完整，或者可以将需要讲述的内容合理分为多条语音消息进行发送。

当我们已经切换为语音输入界面后，直接用手指按住输入框中的“按住 说话”即可输入语音消息了。语音消息输入完成后，松开手指，便可自动发送。如图5-22、图5-23所示。

在输入语音消息的时候，如果我们突然不想发送消息了，可以将按住的手指向上滑动至左边的“松开 取消”。同时，我们也可以发现，将按住的手指向上滑动至右边的“转文字”，即可将语音消息转为文字消息。然而，我们应该注意的是，如果需要将语音消息转为文字消息，必须使用普通话。如图5-24、图5-25所示。

图5-22 “按住说话”选项

图5-23 语音输入

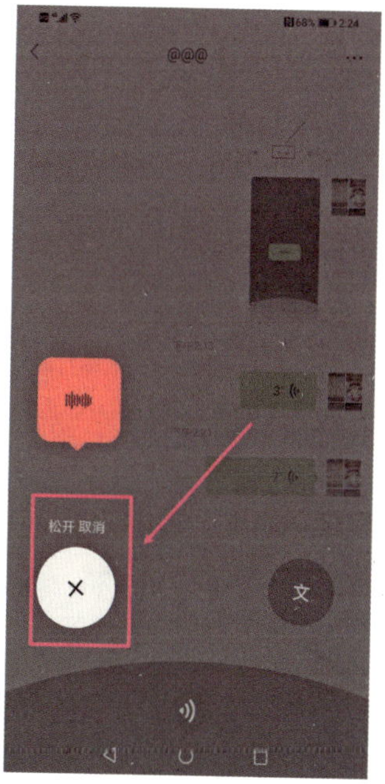


图5-24 “松开取消”选项

图5-25 “转文字”选项

## 5.3.3 撤回语音消息

与发送文字消息时的情况一样，发送语音消息时也难免会有发错的情况发生，而且同样也可以通过撤回功能将已经发送出去的语音消息收回，但是也必须自语音消息发出2分钟之内进行撤回，超过2分钟时间则无法撤回。

用手指长按需要撤回的语音消息，在弹出的菜单选项中点击“撤回”，需要撤回的语音消息将从聊天窗口中消失，并具有撤回提示。如图5－26、图5－27所示。

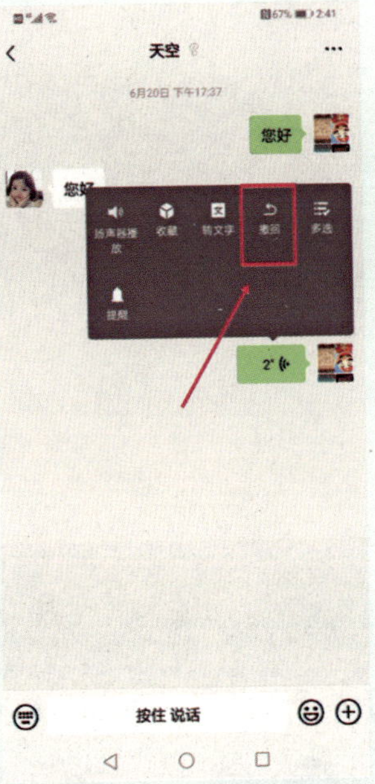


图5－26 “撤回”选项

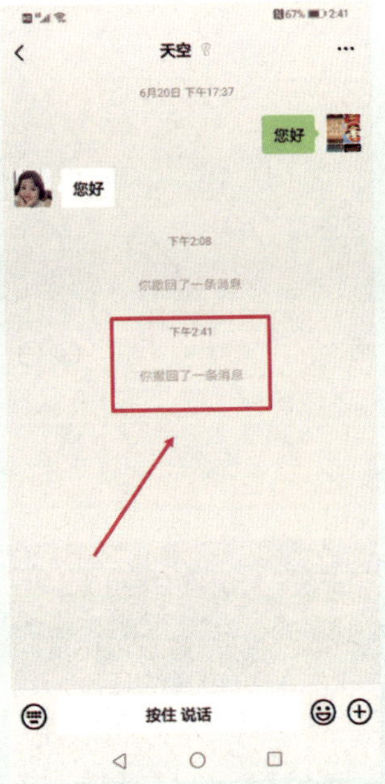


图5－27 撤回提示

## 5.3.4 收听语音消息

如果微信朋友给我们发送的也是语音消息，我们应该如何收听呢？

其实，只要轻点语音消息，就会自动播放。如果朋友连续发送了一条以上的语音消息，我们只要点击第一条语音消息进行播放，后面的语音消息会自动连续播放。同时，如果我们由于处于某种环境下（比如开会时）不方便收听语音消息，也可以长按语音消息，在弹出的菜单选项中点击“转文字”，将语音消息转为文字消息。当然，这种转换也只适用于普通话，否则此功能是不支持的。如图5－28所示。

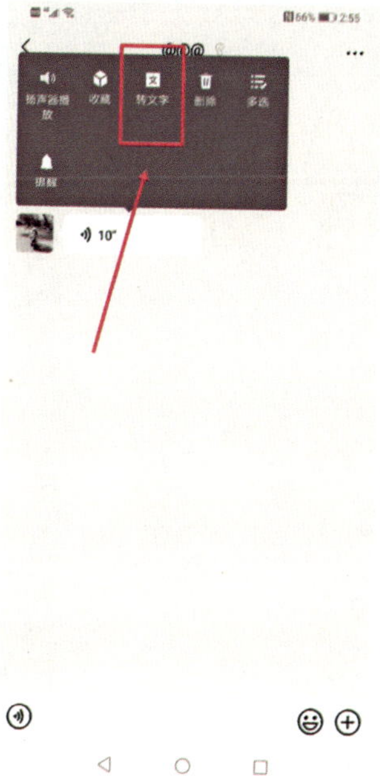


图5-28 “转文字”选项

# 5.4 发送图片或表情

在与微信朋友沟通过程中，除了可以发送文字消息、语音消息外，还可以发送图片或者表情，一是可以增加聊天的趣味性，二是可以化解尴尬的聊天氛围，三是可以提高沟通质量。比如工作中，可以相互发送一些与工作相关的图片等。

点击文字输入框右边的“+”符号，在弹出的菜单选项中点击“相册”，选择需要发送的图片并点击右上角的“发送”即可。如图5-29所示。

如果想要发送表情，点击文字输入库右边的小笑脸，在弹出的表情界面中选择需要发送的表情，点击右下角的“发送”即可。如图5-30所示。

当然，在发送表情时，可以发送微信自带的表情，也可以搜索表情。点击“搜索”选项，在搜索框中输入想要查找的表情，并点击搜索到的表情即可，比如搜索

"大笑"。如图5-31、图5-32所示。

图5-29 "相册"选项

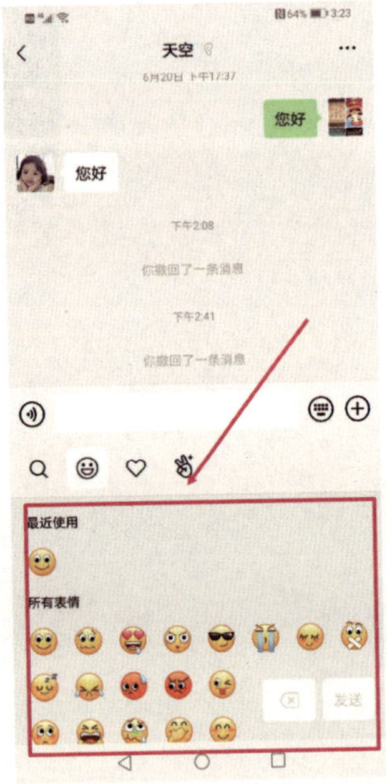

图5-30 表情

图5-31 "搜索"选项

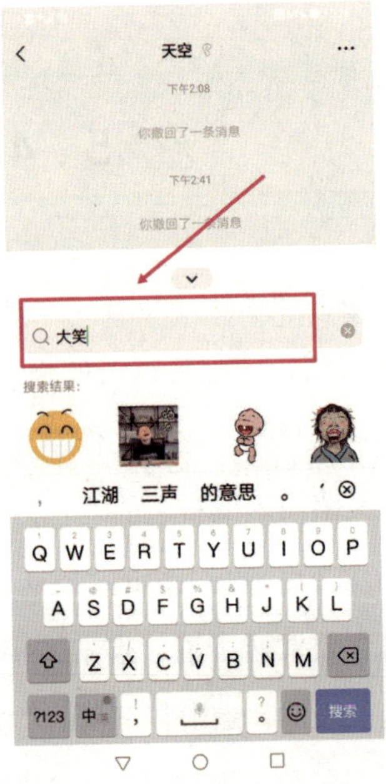

图5-32 搜索大笑表情

除此之外，在发送表情时，我们也可以通过向左滑动表情界面，点击“+”符号，将手机相册中的某些图片或者照片添加为表情，而且再次向左滑动表情界面，可以通过拍照添加表情。如图5－33、图5－34所示。

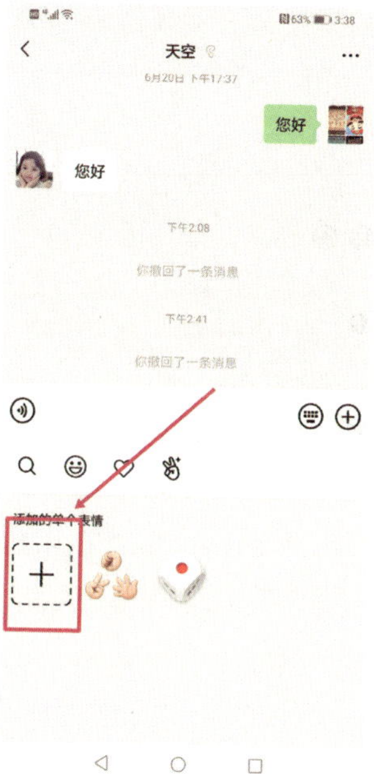


图5－33 添加相册图片为表情

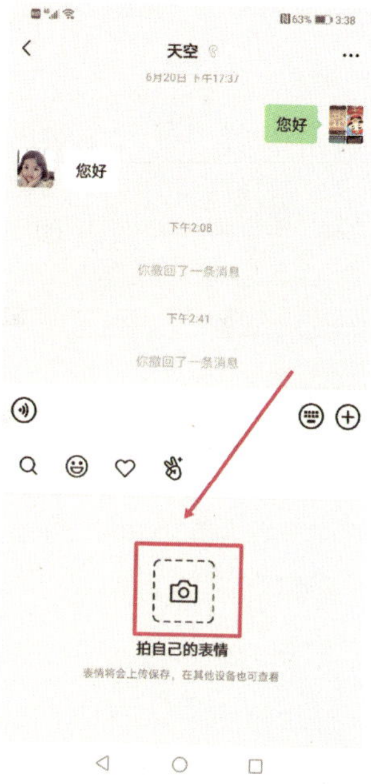


图5－34 通过拍照添加表情

## 5.5 发送现场拍摄的图片或小视频

如果我们需要将活动现场（聚会、开会、比赛等）的情况发给微信朋友，可以通过现场拍摄图片或小视频来实现。

点击文字输入框右边的“+”符号，在弹出的菜单选项中点击“拍摄”即可。如图5－35所示。

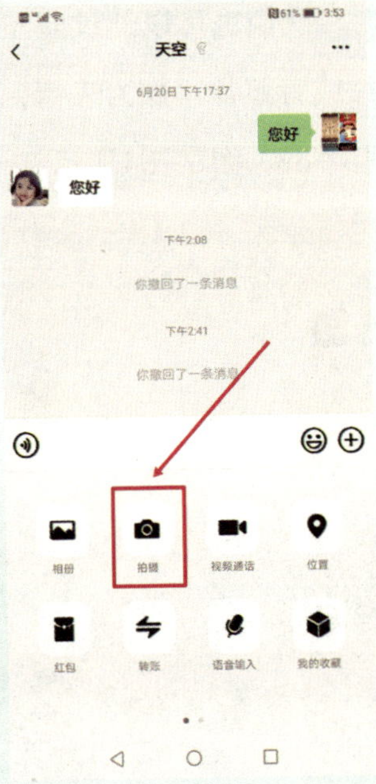


图5－35 “拍摄”选项

## 5.6 视频聊天和语音聊天

视频聊天和语音聊天可以说是发送文字消息、语音消息等沟通方式的“升级版”。

通过视频聊天，彼此之间可以看到对方说话时的表情、动作等，犹如面对面沟通交流，可以提升沟通效果。

通过语音聊天，可以有效规避发送语音消息受限于时间的困扰，只要流量允许，想说多长时间就可以说多长时间。

点击文字输入框右边的“＋”符号，在弹出的菜单选项中点击“视频通话”，并根据自己的需要选择“视频通话”或者“语音通话”即可。如图5－36所示。

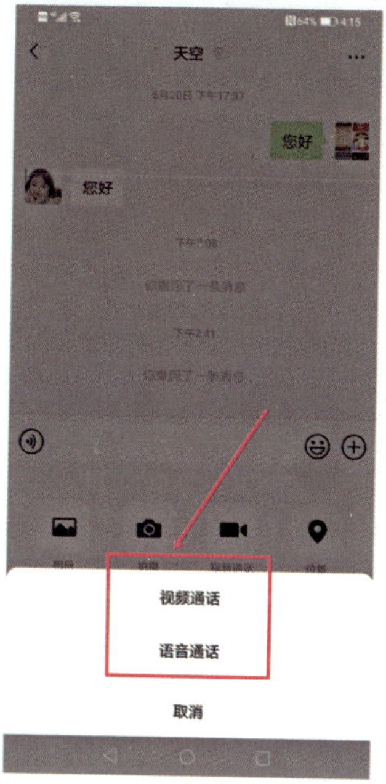


图5-36 选择“视频通话”或“语音通话”

## 5.7 发送当前位置

发送当前位置通常会用于需要与微信朋友见面等情况，通过发送的位置，对方可以快速找到我们。

点击文字输入框右边的“+”符号，在弹出的菜单选项中点击“位置”，如果选择“发送位置”，对方则可以根据发送的位置进行导航；如果选择“共享实时位置”，则可以显示彼此的移动路径（需要对方同意共享后，才能查看）。如图5-37所示。

图5－37　发送位置选项

## 5.8 发红包

发红包是大家常用的一个微信功能，比如为了感谢，或者在某些特殊的节日，都会通过发送红包表达自己的情感。

点击文字输入框右边的“＋”符号，在弹出的菜单选项中点击“红包”，并在“发红包”界面输入金额（最多为200元）与寄语，最后点击“塞钱进红包”即可。如图5－38、图5－39所示。

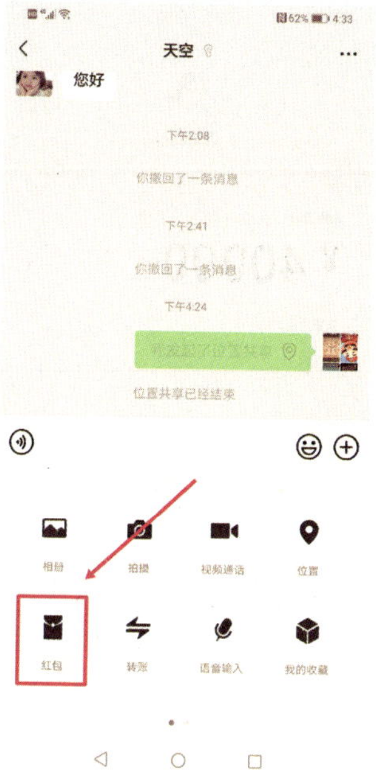


图5－38 “红包”选项

图5－39 发送红包

## 5.9 转账功能

微信转账相比银行转账以及手机银行转账都更加方便。然而，如果我们只是通过微信里面的零钱转账的话，限额是单笔单日200元，收款方单笔单日3 000元；如果绑定银行卡的话，限额为单笔单日50 000元，月度无限额。

这是我们使用微信转账功能时需要注意的，如果转账额度较大，可以分开多日转账。

点击文字输入框右边的“＋”符号，在弹出的菜单选项中点击“转账”，并在弹出的“转账金额”界面正确填写数额，添加转账说明或者不添加（根据自己的情况），最后点击右下角的“转账”即可。如图5－40、图5－41所示。

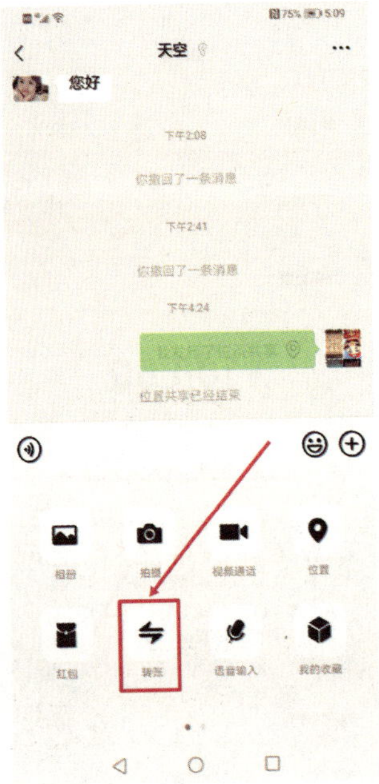


图5-40 “转账”选项

图5-41 转账金额界面

## 5.10 语音输入

这里所说的“语音输入”与之前讲述的“语音输入”不同，后者是指输入语音消息，前者是指通过“语音输入”功能将语音转为文字，发送的依然是文字消息。

点击文字输入框右边的“+”符号，在弹出的菜单选项中点击“语音输入”，用手指按住弹出的界面中的“按住说话”下面的按钮，说话完成后松开手指，输入的语音会自动转换为文字，核实后确认文字消息无误即可点击右下角的“发送”，或者点击左下角的“清空”重新输入。值得注意的是，语音输入只支持普通话、粤语和英语。如图5-42、图5-43所示。

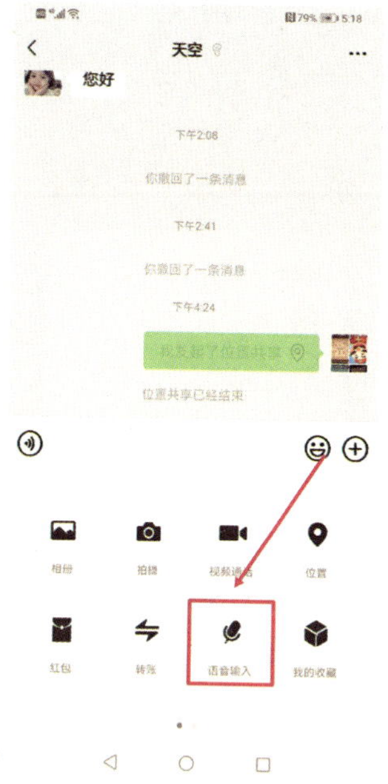


图5－42　“语音输入”选项

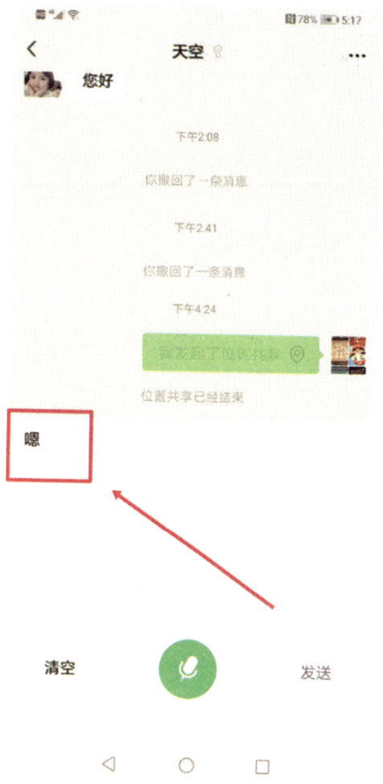


图5－43　输入语音后自动转换的文字内容

## 5.11 发送“我的收藏”

在前面的内容中，我们讲过可以将使用微信过程中遇到的比较喜欢的或者重要的信息、图片、文件、视频、链接等进行收藏。

其实，这些收藏的内容我们也可以在与微信朋友聊天时进行分享。

点击文字输入框右边的“＋”符号，在弹出的菜单选项中点击“我的收藏”，界面会自动跳转至“发送收藏内容”，我们可以通过上下滑动选择需要发送的内容，也可以通过点击界面上方的关键词进行搜索并发送。选定后，用手指点击需要发送的内容，在弹出的界面中点击“发送”即可。如图5－44、图5－45所示。

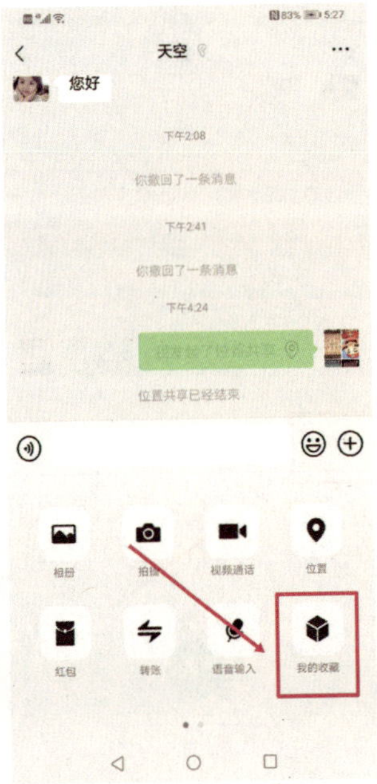


图5-44 “我的收藏”选项

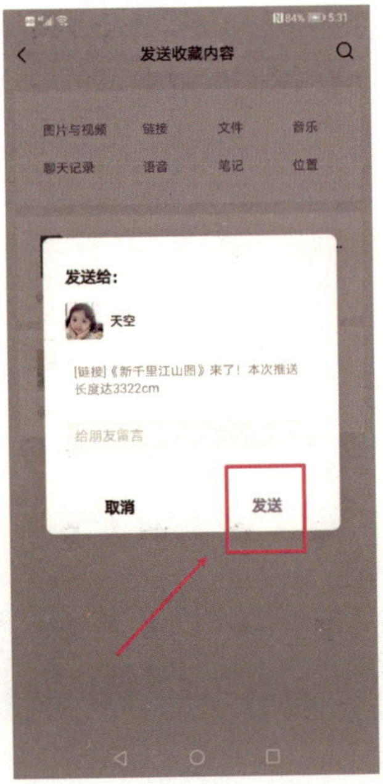


图5-45 发送收藏内容

## 5.12 发送名片

微信的“发送名片”功能可以将已添加的微信朋友的个人名片快速发送给其他朋友，与“把他推荐给朋友”具有一样的效用，但是相比后者更简便。

点击文字输入框右边的“+”符号，将弹出的菜单选项界面向左滑动，点击“名片”，再点击需要发送的微信朋友的头像或者昵称，最后点击“发送给：”界面中右下方的“发送”即可。如图5-46、图5-47所示。

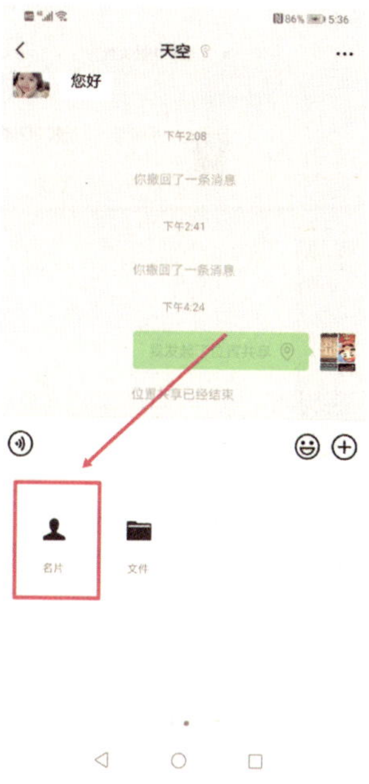

图5-46 “名片”选项

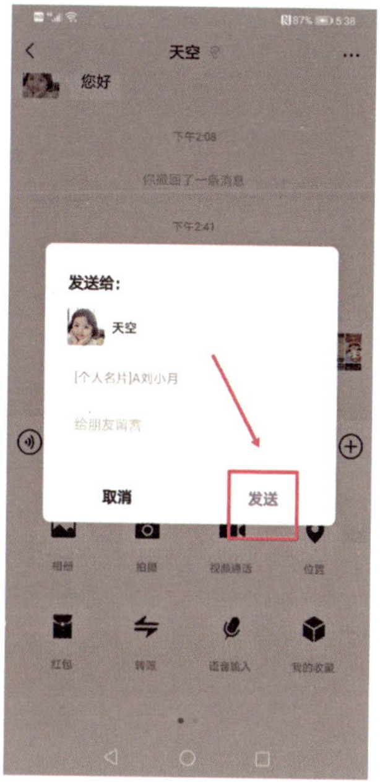

图5-47 发送名片给朋友

## 5.13 发送文件

微信的“发送文件”功能也是需要点击文字输入框右边的“+”符号，将弹出的菜单选项界面向左滑动才能找到。

点击“文件”选项后，首先会默认弹出我们聊天中的文件。如果聊天中的文件不是我们想要发送的，可以点击上方的“聊天中的文件”后面的小箭头，选择“收藏中的文件”或者“手机存储”，而且可以同时发送聊天中的文件、收藏中的文件以及手机存储的文件。

确定需要发送的文件后，点击其后面的小圆圈，最后点击右上角的“发送”即可。如图5-48、图5-49、图5-50所示。

图5－48 “文件”选项

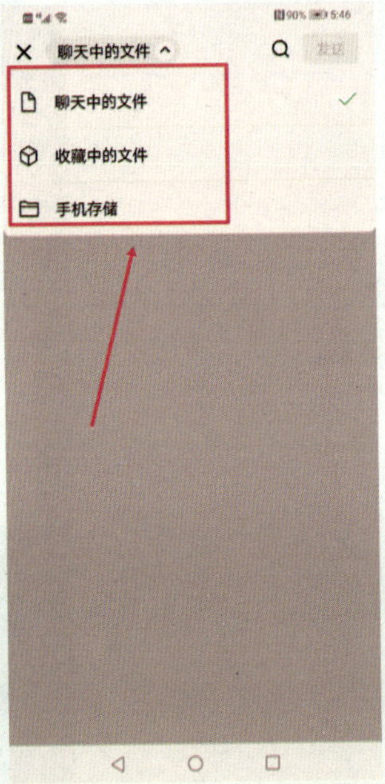


图5－49 选择文件存储路径

图5－50 确定并发送

## 5.14 群发消息

群发消息是指可以将一条消息一次性分别发送给多个指定的微信朋友，一般适用于公司发送某通知给全体员工，或者节日发送祝福等给所有的亲朋好友等。

第一步，在微信主界面，点击右下角的“我”，在弹出的“个人信息”界面中点击“设置”进入“设置”界面后再点击“通用”。如图5－51所示。

第二步，在“通用”界面点击“辅助功能”。如图5－52所示。

第三步，进入“辅助功能”界面后点击“群发助手”。需要注意的是，如果群发助手功能未启用的话，需要先启用后才能使用。如图5－53所示。

第四步，在“群发助手”界面点击“开始群发”，随着界面的跳转，再点击“新建群发”。如图5－54、图5－55所示。

图 5－51 “通用”选项

图 5－52 “辅助功能”选项

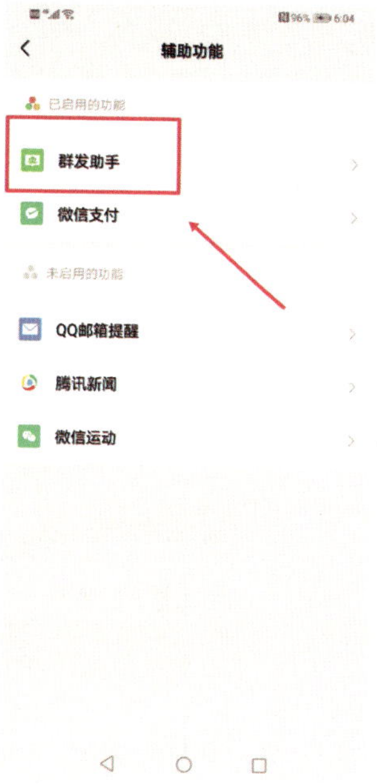


图 5－53 “群发助手”选项

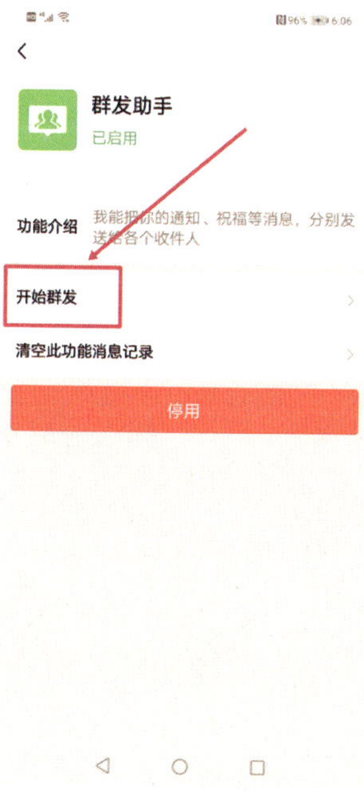


图 5－54 “开始群发”选项

图 5－55 “新建群发”选项

第五步，进入“选择联系人”界面后，可以点击微信朋友前面的小圆圈有选择性地确定需要群发的微信朋友，也可以点击右上角的“全选”进行全部发送，然后点击右上角的“下一步”。如图5－56所示。

第六步，在“群发”界面中的文字输入框中输入需要发送的信息，或者点击文字输入框左边的小喇叭输入语音消息，抑或输入表情、照片、我的收藏等，点击右下角的“发送”即可。如图5－57所示。

图5－56　点击“下一步”

图5－57　输入群发消息并发送

# 第6章 微信群聊的使用

## 6.1 建立群聊

如果我们需要与多个微信朋友一起沟通，那么就可以通过建立群聊的方式来实现。群聊一般适用于关系比较亲近的亲朋好友，或者是公司各部门内部之间的沟通，比如亲人群、工作群等。

### 6.1.1 发起群聊

通过群聊可以拉近人与人之间的关系，同时也方便向多人同时发送消息、通知等，尤其是在工作中可以提高管理效率。那么，我们如何发起群聊呢？

第一步，点击微信主界面右上角的“+”符号，在弹出的菜单选项中点击“发起群聊”。如图6-1所示。

第二步，在“发起群聊”界面显示的微信朋友中，找到想要群聊的微信朋友，点击其微信头像前面的小圆圈，或者通过在搜索框中输入我们所备注的微信朋友的名称进行查找，搜索到之后点击其微信头像前面的小圆圈即可。如图6-2所示。

图6-1 “发起群聊”选项

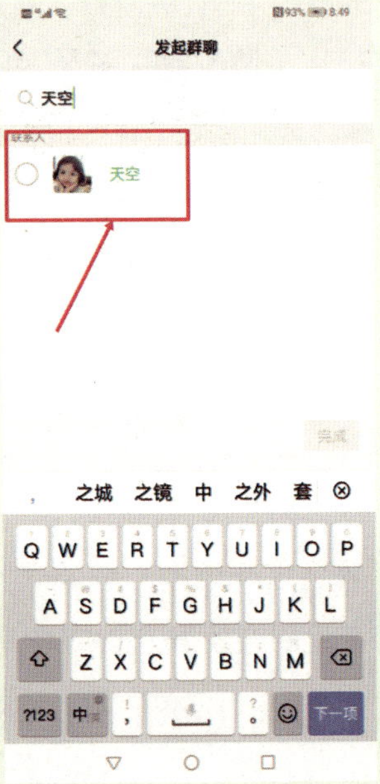


图6-2　搜索微信朋友

第三步，选定需要群聊的微信朋友之后，点击右下角的“完成”便会自动跳转至群聊窗口，表示已经发起群聊。如图6-3、图6-4所示。

图6-3　点击“完成”

图6-4　发起群聊完成

## 6.1.2 面对面建群

“面对面建群”也是微信提供的一种建立群聊的方式，但是相对于“发起群聊”方式来说，由于“面对面建群”的方式是基于GPS模块进行识别，所以只能与我们距离几十米范围内的微信朋友建立群聊。

第一步，进入微信主界面点击右上角的“+”符号，在弹出的菜单选项中点击“发起群聊”。进入“发起群聊”界面后，找到“面对面建群”选项并点击。如图6-5所示。

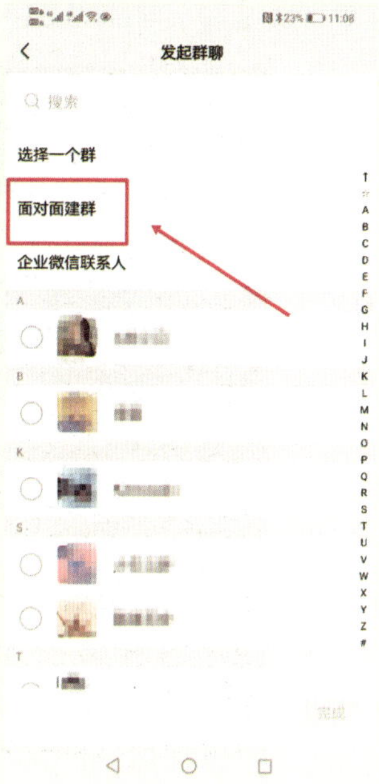


图6-5 “面对面建群”选项

第二步，在“面对面建群”界面中输入四个数字，比如输入1、2、8、9。如图6-6所示。

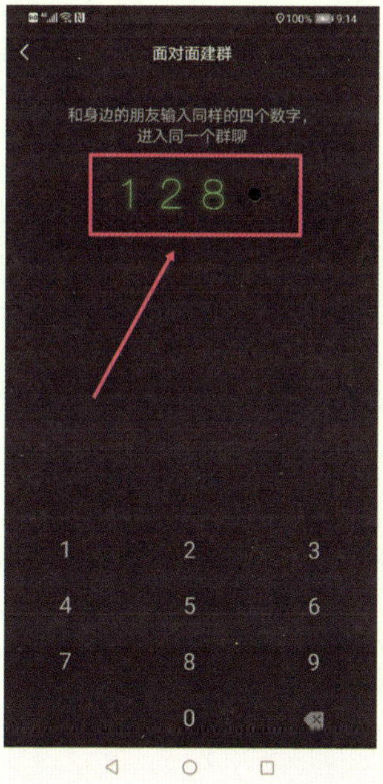


图6-6 输入四个数字

第三步，点击“进入该群”，并将之前输入的数字告知需要群聊的微信朋友，对方即可通过输入同样的数字进入该群。如图6－7、图6－8所示。

图6－7　点击“进入该群”

图6－8　已经发起了群聊

需要注意的是，无论是通过哪种方式发起群聊，群组成员人数最多不可以超过500人。

## 6.2 使用群聊进行互动

无论是通过哪种方式建立群聊，目的都是为了能够同时与更多的微信朋友进行互动、沟通。

### 6.2.1 微信群聊界面

我们可以在微信聊天界面中随意点击一个微信群，即可进入微信群聊界面。微信群聊界面与单独的微信朋友聊天界面一致，我们可以发送文字消息、语音消息，同时也可以发送表情、文件等。如图6－9所示。

图6－9 微信群聊界面

## 6.2.2 语音通话和视频通话

微信群聊中也可以发起语音通话与视频通话，有利于加深微信朋友之间的沟通，而且也有很多人会利用这一功能进行会议安排。在群聊中的人不在同一地域，或者某个人（某些人）无法出席会议的情况下，通过语音通话和视频通话召开会议，依然可以让工作有序开展。

第一步，进入群聊界面后，点击文字输入框右边的“＋”符号，在弹出的菜单选项中点击“语音通话”。如图6－10所示。

第二步，进入“选择成员”界面后，可以选择某几个人发起通话，也可以全选发起通话。确定通话成员之后，点击右上角的“确定”。如图6－11所示。

第三步，在“等待接听”界面首先发起的是语音通话，点击右边的“摄像头”即可同时发起语音通话和视频通话。如图6－12所示。

图 6－10 “语音通话”选项

图 6－11 点击“确定”

图 6－12 发起通话

## 6.2.3 群发“红包”

群发“红包”是一种有效地与多个微信朋友进行互动的功能。如果是亲朋好友的群，在节假日通过群发“红包”可以活跃节日气氛；如果是工作群，通过群发“红包”可以激励大家的积极性。

第一步，点击群聊界面文字输入框右边的“+”符号，在弹出的菜单选项中点击“红包”。如图6-13所示。

图6-13 “红包”选项

第二步，进入“发红包”界面后，我们首先可以选择群发“红包”的种类，即点击左上角“拼手气红包”后面的小箭头，在弹出的菜单选项中还可以选择“普通红包”“专属红包”，而且三种“红包”也是有区别的。如图6-14、表6-1所示。

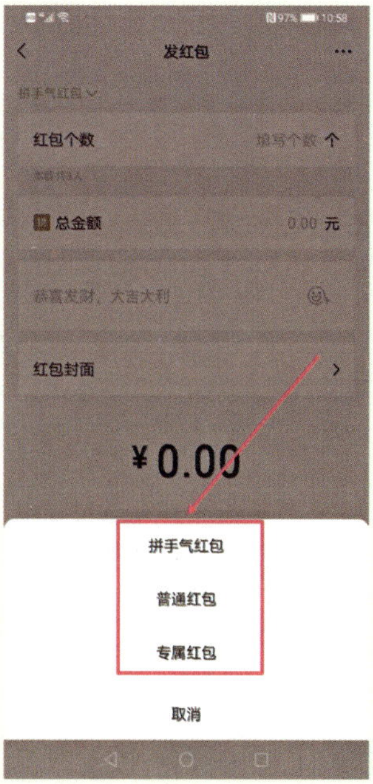


图6-14 不同红包种类选择

表6-1　三种红包的区别

| 区别＼红包 | 拼手气红包 | 普通红包 | 专属红包 |
|---|---|---|---|
| 发送对象 | 所有群成员，一对多 | 所有群成员，一对一或一对多 | 指定群成员，一对一 |
| 红包个数 | 一次最多100个 | 一次最多100个 | 一次1个 |
| 金额限制 | 不可超过20 000元 | 单个红包金额最多200元 | 单个红包金额最多200元 |

图6-15　点击“塞钱进红包”

第三步，以“拼手气红包”为例，按照提示与限制，填写完成红包个数、总金额、寄语、红包封面后，点击“塞钱进红包”。如图6-15所示。

在弹出的支付界面，先确定支付方式是否正确，一般可以选择零钱或者绑定的银行卡。确定支付方式后，输入支付密码，即可完成群发红包（由于微信对于隐私内容限制截图，所以此处不做图片示例）。

## 6.2.4 群工具

“群工具”是微信自升级为7.0.13测试版后推出的一款新功能，使微信群与小程序有了更深层次的绑定。如果我们是群主，可以置顶群内使用的工具，方便群成员再次使用。

第一步，点击群聊界面中文字输入框右边的“+”符号，并向左滑动弹出的菜单选项，找到“群工具”后并点击。如图6-16所示。

第二步，在弹出的群内最近使用的工具界面中点击“管理”。如图6-17所示。

图6－16　“群工具”选项

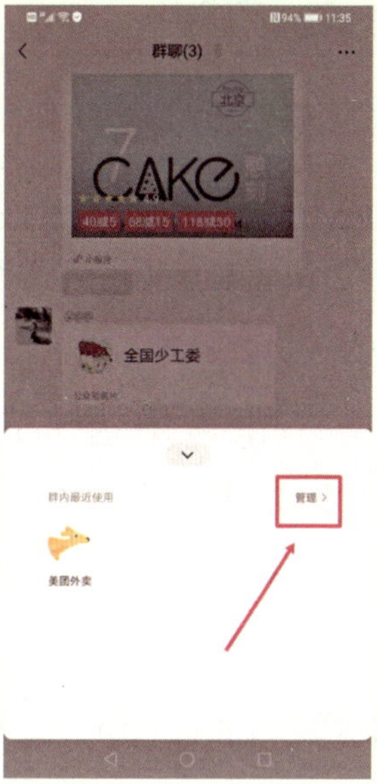


图6－17　“管理”选项

第三步，跳转至“置顶群工具”界面后，点击需要置顶工具前面的“＋”符号，最后点击右上角的“完成”，即可显示已经置顶的群工具。需要注意的是，最多可以置顶8个群工具。如图6－18、图6－19所示。

图6－18　选择需要置顶的群工具

图6－19　已经置顶的群工具

## 6.2.5 消息接龙

随着微信版本的不断更新升级，推出的新功能也越来越多、越来越强大、越来越方便大家使用。而消息接龙就是微信推出的新功能之一，在群聊过程中可以有效对群成员的想法或者意见、建议等进行统计，避免群聊中你一句我一嘴式的沟通，从而使得群消息井然有序。

第一步，点击群聊窗口中文字输入框右边的“+”符号，将弹出的菜单选项向左滑动，找到“接龙”选项并点击。如图6－20所示。

第二步，进入“接龙结果”界面，在光标闪烁处输入接龙主题，如果对于接龙格式有要求也可以进行填写，或者有补充信息都可以填写。信息填写完成后，点击右上角的“发送”，接龙消息便会发至群聊中，收到消息的群成员即可根据自己的需求进行接龙。如图6－21、图6－22所示。

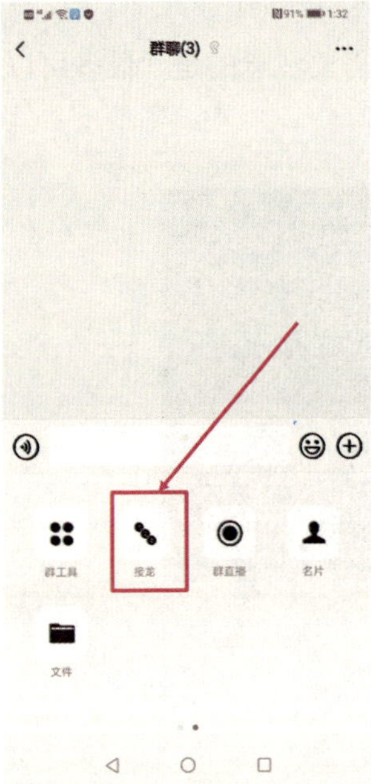


图6－20 “接龙”选项

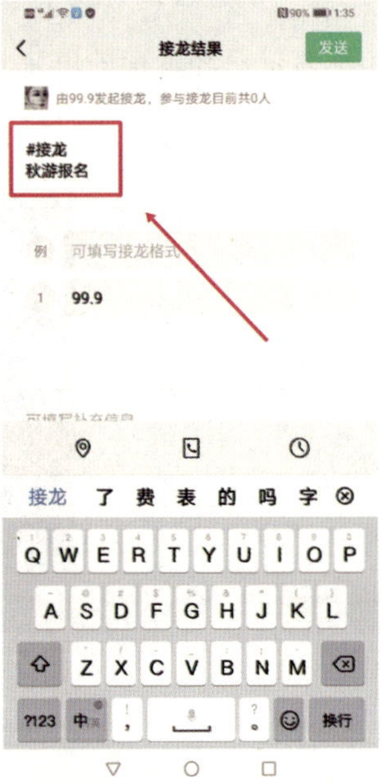


图6－21 填写接龙主题

图6－22 群成员接龙

## 6.2.6 群直播

“群直播”是只针对自己所在的微信群可以发起的直播，没有链接，也无法被转发。也就是说，“群直播”仅限于群成员可以发起直播，也只有群成员可以看见直播。通常，“群直播”可以用于工作群中的培训、教学群中的授课，以及社区团购活动等。

第一步，点击群聊窗口中文字输入框右边的“+”符号，将弹出的菜单选项向左滑动，找到“群直播”选项并点击。界面跳转后，点击“我同意并遵守《微信直播功能行为规范》”前面的小圆圈，显示“√”符号后，点击“我知道了”。如图6－23所示。

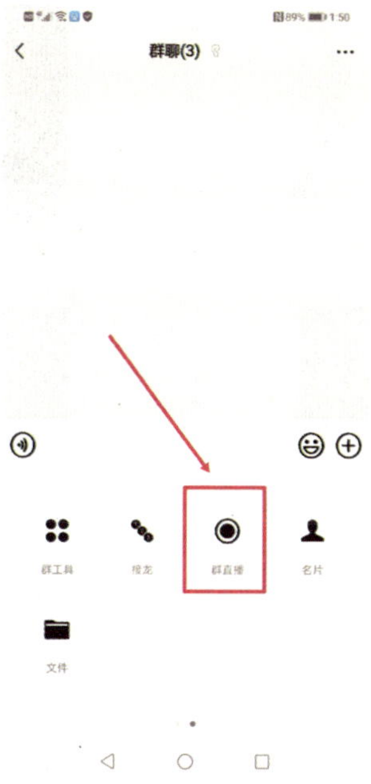


图6－23　“群直播”选项

第二步，在群直播界面中“主题”的下方输入直播主题点击右上角的“完成”后，再点击“开始直播”即可进入正式直播界面，我们可以看到直播时间以及观看人数，同时群成员可以点赞、评论以及连麦。结束时直接点击右上角的“结束”即可退出直播。直播结束后，会显示整体的直播数据，包括观众、评论、点赞等，最后点击下方的“完成”即可。如图6－24、图6－25、图6－26、图6－27所示。

图 6－24　输入直播主题

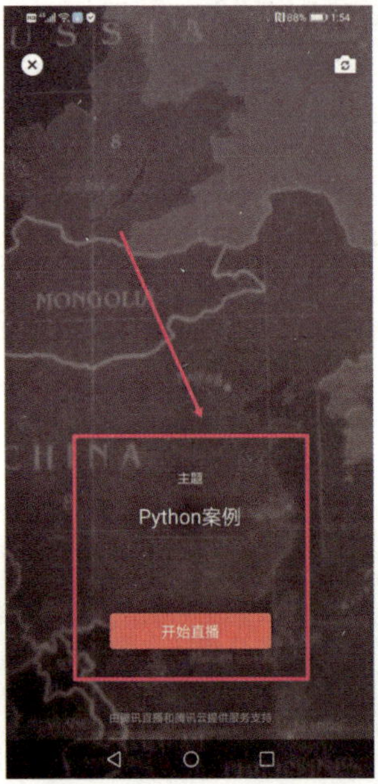


图 6－25　开始直播

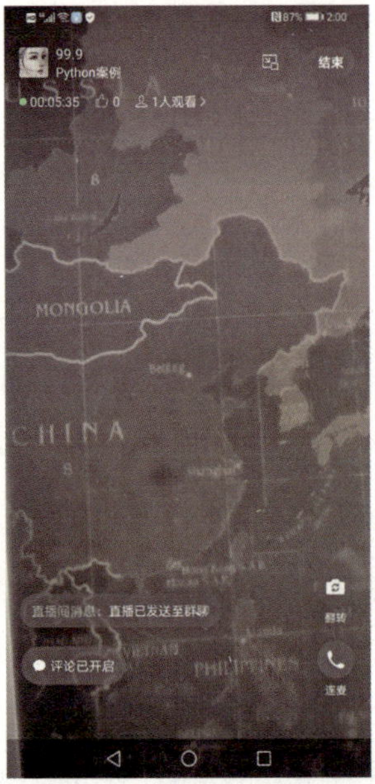


图 6－26　群直播中

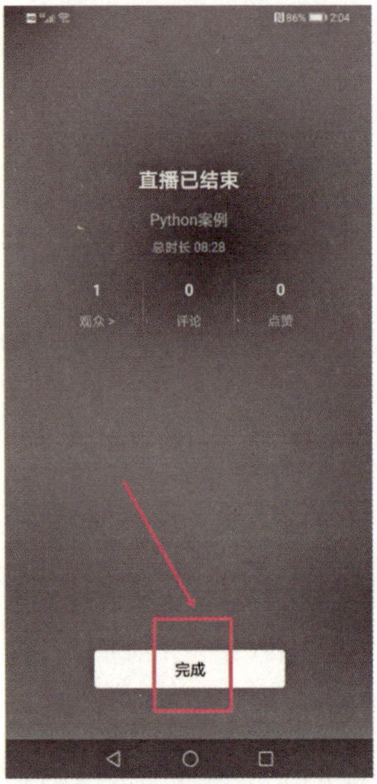


图 6－27　群直播结束

在使用“群直播”功能时需要我们注意的是，如果开启了“青少年模式”是无法发起群直播的，所以必须提前关闭“青少年模式”。

# 6.3 群聊设置

想要更好地使用微信群与微信朋友进行互动与沟通，还需要对群聊的一些设置进行熟悉和掌握，才能对群聊游刃有余。

## 6.3.1 添加或删除群聊中的朋友

我们在创建微信群的时候也难免会忘记一些微信朋友，或者拉错微信朋友，这时就可以通过添加或者删除群聊中的朋友进行管理。

在群聊窗口中，点击右上角的“…”符号进入“聊天信息”界面后，点击微信朋友头像后面的“+”或者“-”符号，分别在弹出的对应界面中选择需要添加或者删除的微信朋友，最后点击右下角的“完成”以及右上角的“删除”即可。如图6-28、图6-29、图6-30、图6-31所示。

图6-28　“…”选项

图6-29　“+”“—”选项

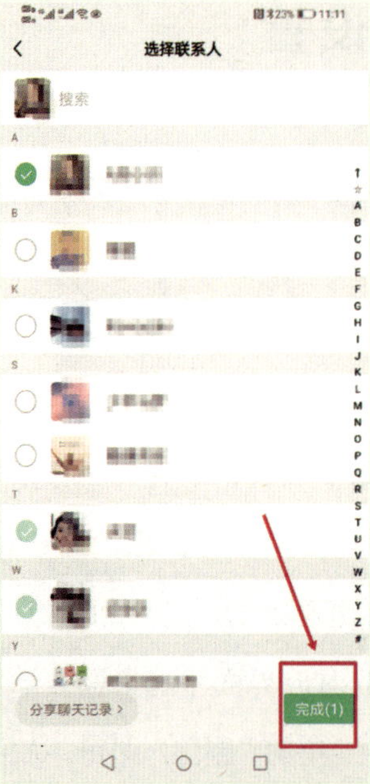


图6－30　添加微信朋友

图6－31　删除微信朋友

## 6.3.2 群聊名称

为每一个群聊备注一个名称，不仅可以突出该群的性质和作用，而且也会方便我们更快速找到对应的群聊。

在群聊窗口中，点击右上角的“…”符号进入“聊天信息”界面后，点击“群聊名称”即可进入“修改群聊名称”界面。在群聊头像后面输入名称后，点击“完成”即可。如图6－32、图6－33所示。

图6－32　“群聊名称”选项

图6－33　输入群聊名称

## 6.3.3 群二维码

“群二维码”相当于微信个人名片。当需要进入群聊的朋友与我们不是微信朋友时，便可以通过向其发送或出示“群二维码”，对方扫描后即可进入该微信群。

在群聊窗口中，点击右上角的“…”符号进入“聊天信息”界面后，点击“群二维码”即可进入“群二维码名片”界面。点击右上角的“…”符号，在弹出的菜单选项中可以选择将“群二维码名片”保存至手机相册，便可以通过发送图片的形式将“群二维码名片”发送给他人。如图6－34、图6－35所示。

图6－34 “群二维码”选项

图6－35 保存到手机相册

需要注意的是，群二维码名片的有效期仅为7天，超过7天以后需要重新向他人发送或出示新的群二维码名片，才可以使对方通过扫描进入该微信群。

## 6.3.4 群公告

“群公告”是对本群内的成员发布的通知，只有群内成员才可以看见，相当于一对多性质的群发消息。

在群聊窗口中，点击右上角的“…”符号进入“聊天信息”界面后，点击“群公告”。界面跳转后，输入公告信息，点击右上角的“完成”，在弹出的提示中点击“发布”即可。返回群聊窗口，便可以看见发布的群公告信息。如图6－36、图6－37、图6－38所示。

如果我们接着点击群聊窗口中群公告信息下面的“设为群代办”，再点击提示信息中的“我知道了”，最后点击“设为群代办”，将会通知到每一位群成员。如图6－39、图6－40、图6－41所示。

图6－36　“群公告”选项

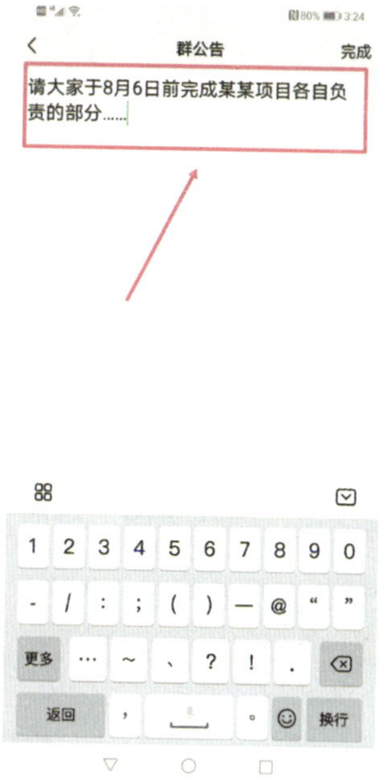


图6－37　输入群公告信息

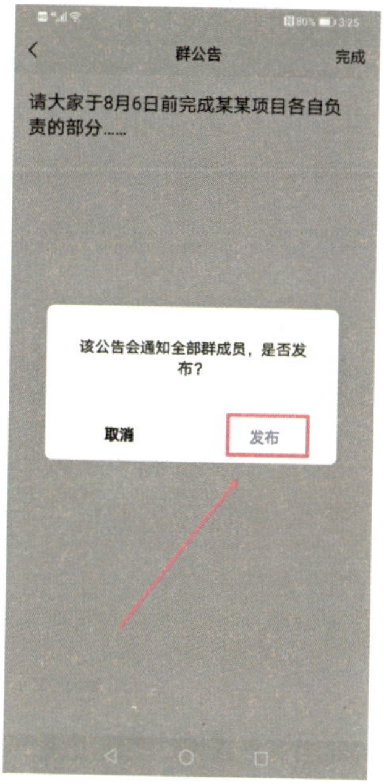


图6－38　确认发布群公告

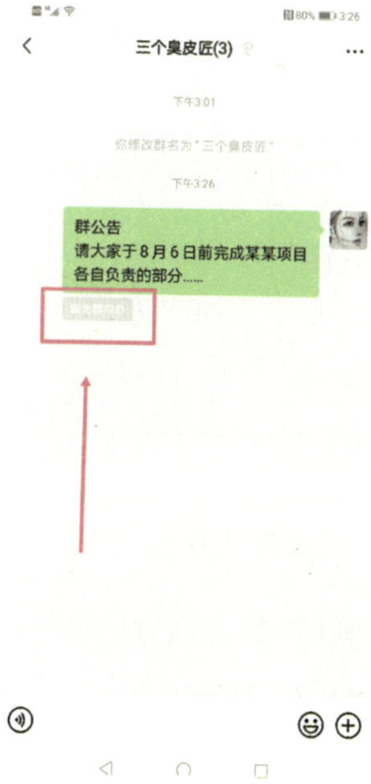


图6－39　“设为群代办”选项

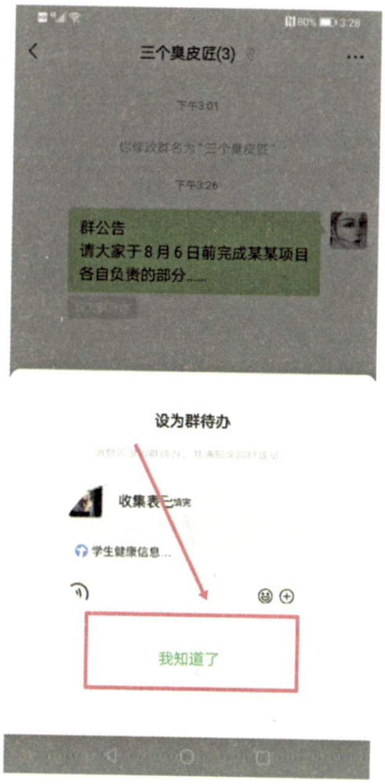


图6－40　点击“我知道了”

图6－41　点击“设为群代办”

## 6.3.5 群管理

“群管理”功能主要是对进群人员可以进行限制，以及转让群主管理权并添加群管理员。也就是说，通过“群管理”可以有效防止不必要的人员进入该微信群，以及在自己过于繁忙时，可以授权他人来管理该微信群。

第一步，在群聊窗口中，点击右上角的“…”符号进入“聊天信息”界面后，点击“群管理”。如图6－42所示。

第二步，在“群管理”界面点击“群聊邀请确认”后面的按钮，使其处于开启状态，则群成员需要群主或者群管理员确认才能邀请朋友进群，包括扫描群二维码进群的人员也必须经过群主或者群管理员的同意，否则无法进群。如图6－43所示。

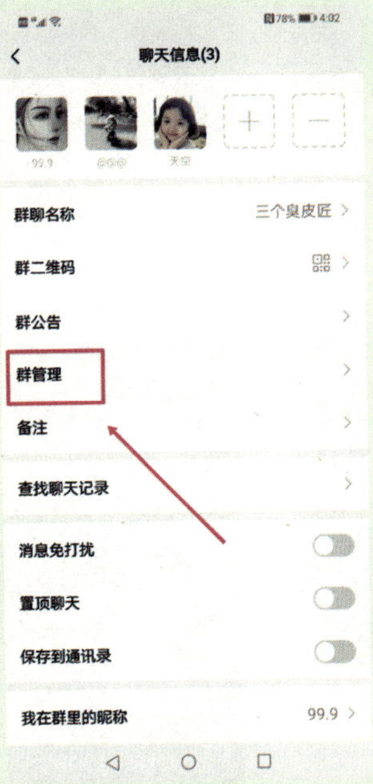


图6－42 “群管理”选项

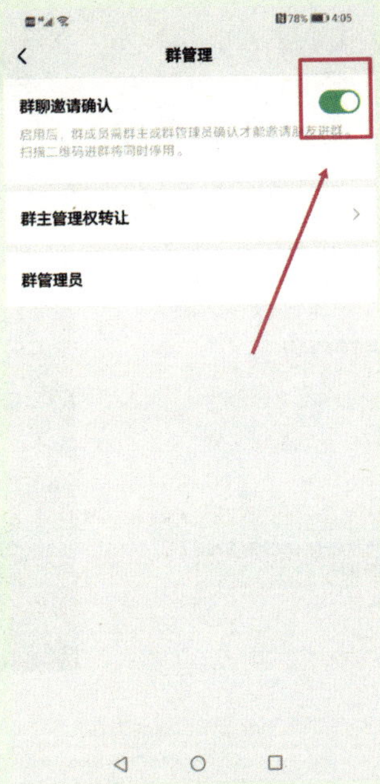


图6－43 开启邀请确认

第三步，点击“群主管理权转让”，当界面跳转至“选择新群主”界面后，确定需要转让的人员并点击其头像或昵称，在弹出的提示中点击“确定”即可。如图6－44所示。

第四步，点击“群管理员”进入该界面后，再点击下方的“＋”符号。界面跳转至“添加群管理员”后，点击需要授权的人员的微信头像前面的小圆圈，再点击右上角的“完成”即可。值得注意的是，群管理员享有的权力包括修改群聊基本信息、删除群成员、同意进群申请。如图6-45、图6-46所示。

图6-44 确认转让群主

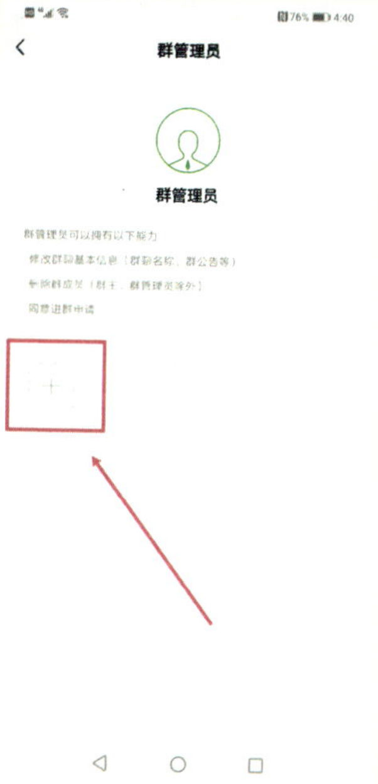


图6-45 “+”符号

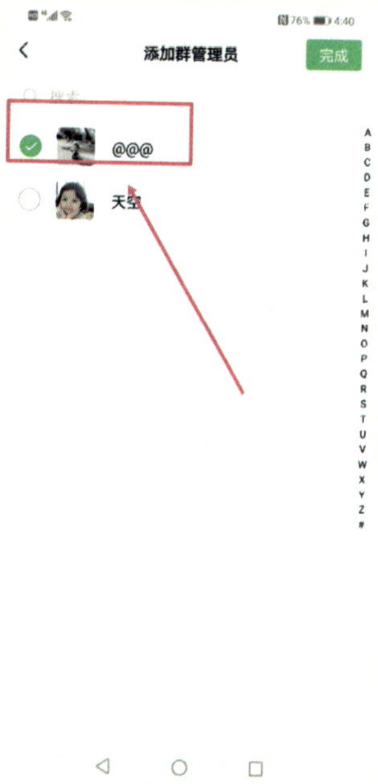


图6-46 选择群管理员

## 6.3.6 群聊备注

群聊备注是对该微信群进行特殊的文字标识，备注后将替代群聊名称进行显示，在聊天列表以及群聊界面中都会显示为备注名称，而且只有自己可见，更方便了我们对于不同微信群性质、作用的了解和查找。

在群聊窗口中，点击右上角的“…”符号进入“聊天信息”界面后，点击“备注”。跳转至“备注”界面后，在群聊头像后面输入备注信息，点击下方的“完成”即可。如图6-47、图6-48所示。

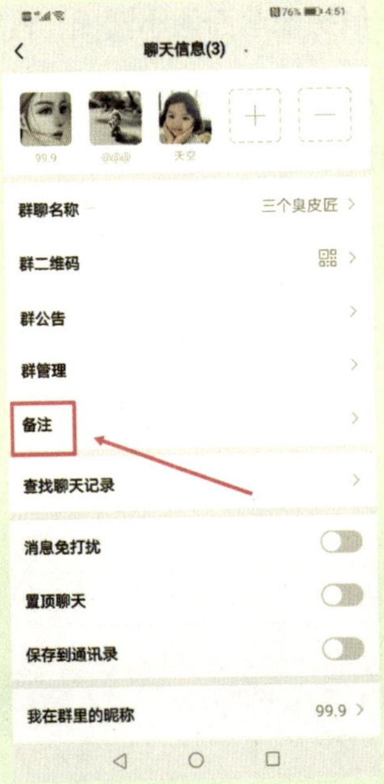


图6-47 “备注”选项

图6-48 输入备注信息

## 6.3.7 查找聊天记录

查找群聊中的聊天记录的方法与查找个人微信中的聊天记录的方法是一致的，唯一不同的是查找路径。

在群聊中查找聊天记录时需要点击群聊窗口右上角的“…”符号进入“群聊信息”界面，找到“查找聊天记录”选项并点击。当界面跳转后在上方的搜索框中输入需要查找的信息的关键词即可，或者点击“搜索指定内容”下面的关键词也可以查找到对应的群聊天记录。如图6-49、图6-50所示。

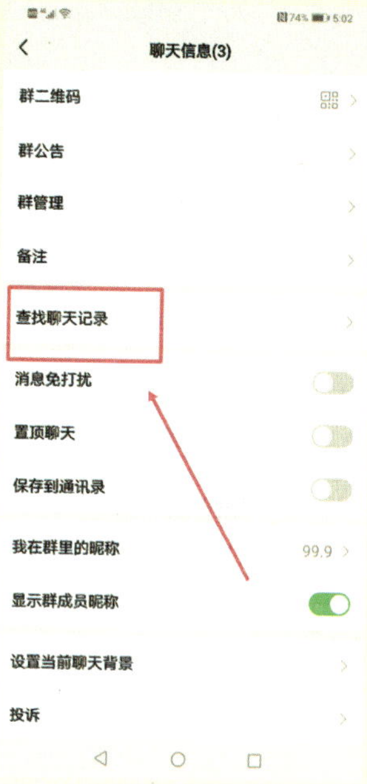


图6－49 “查找聊天记录”选项

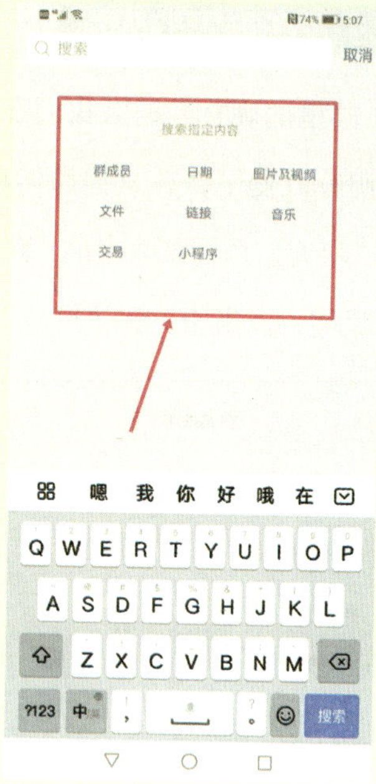


图6－50 搜索指定内容

## 6.3.8 消息免打扰/置顶聊天/保存到通讯录/显示群成员昵称

对于微信群聊中的消息免打扰/置顶聊天/保存到通讯录这几项功能，只要开启其后面对应的按钮即可使用。如图6－51所示。

开启“消息免打扰”功能后，我们依然可以接收到群消息，但不会发出提示音或者振动，也不会在微信列表中出现多少条新消息的数字提示。

开始“置顶聊天”功能后，每当该群收到新消息后便会处于微信列表最上面的位置。

开启“保存到通讯录”功能后，该群便会被收录到微信通讯录中。

开启“显示群成员昵称”功能后，全成员的昵称即我们所备注的名称会显示。

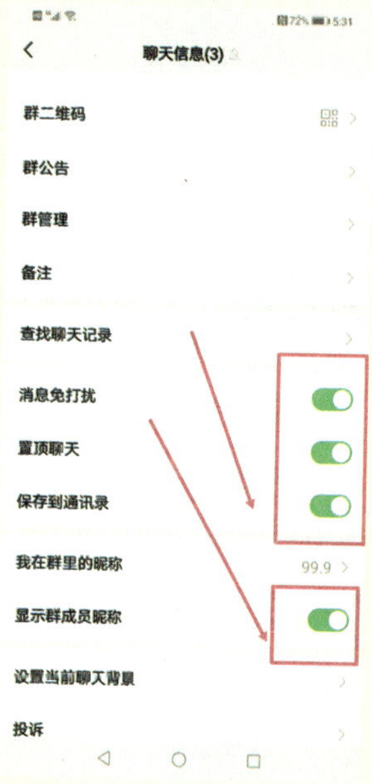


图6－51 开启对应功能

## 6.3.9 我在群里的昵称

“我在群里的昵称”是指我们在该微信群中的昵称，即便修改后，也只是在该微信群中的昵称改变了，在其他微信群中的昵称依然是之前的。

点击“聊天信息”界面中的“我在群聊里的昵称”，当界面跳转后在群聊头像后面输入新的昵称，点击下方的“完成”即可。如图6－52、图6－53所示。

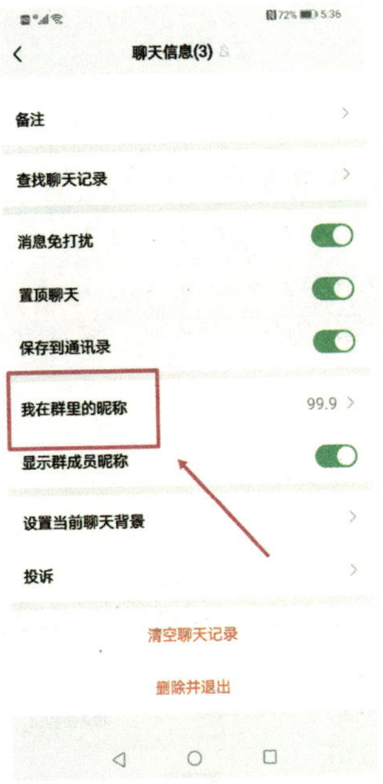


图6－52 “我在群里的昵称”选项

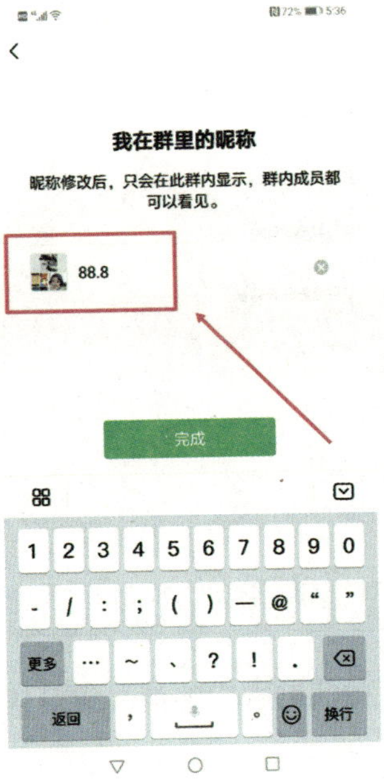


图6－53 输入新昵称

## 6.3.10 设置当前聊天背景

通过对当前聊天背景进行重新设置，可以改变该群聊天窗口显示的背景颜色、图案等。通常将聊天背景设置为自己喜欢的图案，不仅可以提高视觉感受，也会愉悦聊天时的心情。

点击“聊天信息”界面中“设置当前聊天背景”选项，进入“聊天背景”界面后可以通过选择背景图、从相册中选择、拍一张对当前聊天背景进行设置。如图6－54、图6－55所示。

图6-54 “设置当前聊天背景”选项

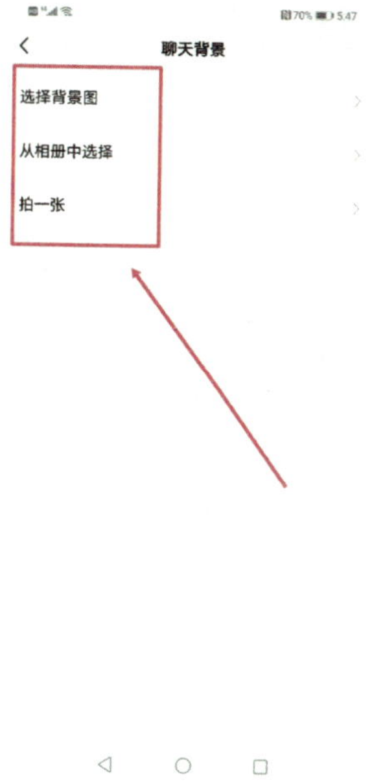


图6-55 聊天背景设置方式

我们以“选择背景图”为例，点击该选项后进入“选择背景图”界面，再点击比较喜欢的背景图即可自动设置为当前聊天背景。如图6-56、图6-57所示。

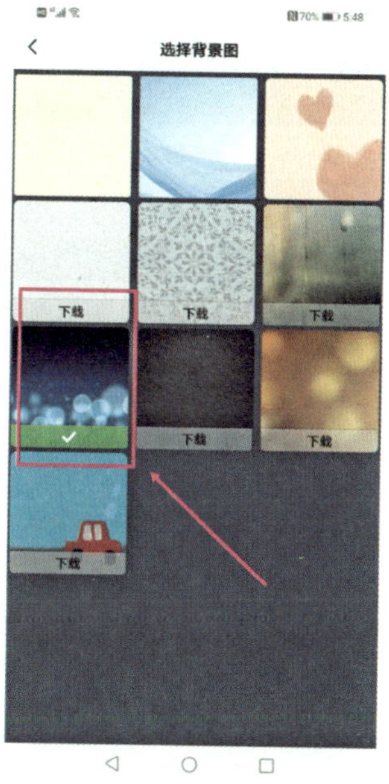


图6-56 选择聊天背景图

图6-57 成功设置聊天背景

## 6.3.11 投诉/清空聊天记录/删除并退出

这几项功能位于微信群“聊天信息”界面的最下方，操作起来也都比较简单。

如果我们所在的微信群存在赌博、欺诈等行为，便可以点击“投诉”选项，根据跳转后界面中的提示和指引进行操作即可。如图6－58所示。

点击“清空聊天记录”便会把群聊中的所有信息进行彻底清除。

点击“删除并退出”，在弹出的提示中点击“离开群聊”，则意味着退出了该微信群。如图6－59所示。

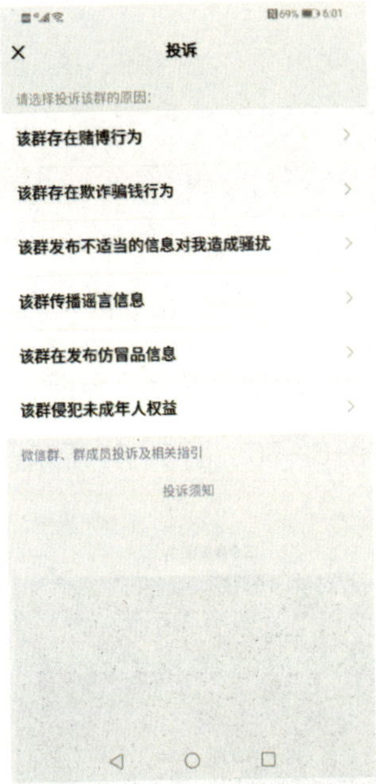


图6－58 “投诉”界面

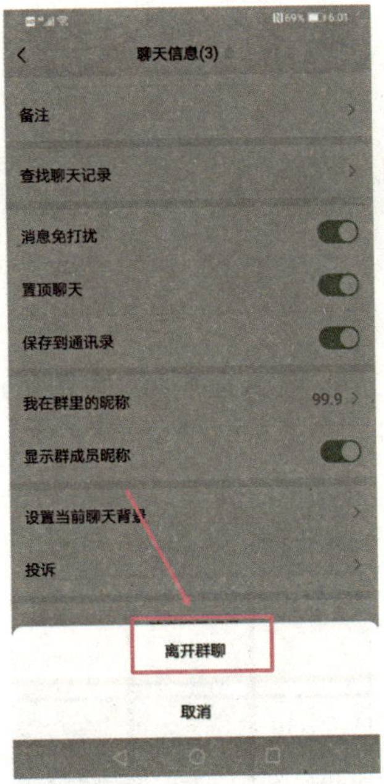


图6－59 退出该微信群

# 第7章 公众号和小程序的使用

## 7.1 添加公众号

微信公众号是基于微信公众平台的一种应用账号。一般情况下，个人可以最多申请1个微信公众账号，企业组织最多可以申请2个微信公众账号。

无论是个人，还是企业，其微信公众账号开通后，就可以与特定的群体实现文字、图片，甚至是语音与视频的全方位沟通、互动。

### 7.1.1 搜索公众号

想要实现文字、图片，甚至是语音与视频的全方位沟通、互动，首先需要找到相关的微信公众号。

第一步，点击微信主界面右上角的“+”符号，在弹出的菜单选项中点击“添加朋友”。如图7-1所示。

第二步，进入“添加朋友”界面后点击“公众号”，在弹出的搜索框中输入想要查找的公众号名称即可。如图7-2、图7-3所示。

第三步，点击“搜索”界面右下角的“搜索”，便会弹出很多与搜索的公众号相关的微信公众号，找到自己需要的公众号点击即可进入该公众号界面，查看该公众号发布的文字、图片、视频等。如图7-4、图7-5所示。

图7-1 “添加朋友”选项

图7－2 “公众号”选项

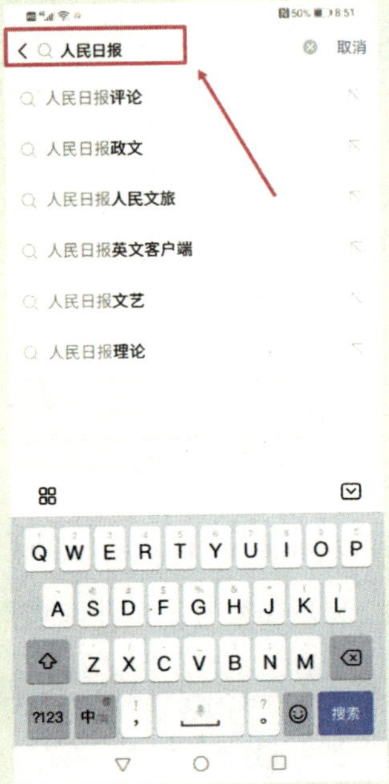


图7－3 输入公众号名称

图7－4 搜索到的公众号

图7－5 “人民日报公众号”界面

### 7.1.2 关注公众号

如果我们只是通过搜索查看公众号，在退出公众号以后，也就不会再看到该公众号的信息了。如果我们想要长期查看某个公众号的信息，并真正实现与公众号之间的沟通与互动，就需要对其进行关注。

在搜索到的公众号界面中，点击右上角的“关注”即可进入该公众号的互动界面，点击左下角的键盘符号，就可以实现文字、语音消息的输入与发送。如图7-6、图7-7所示。

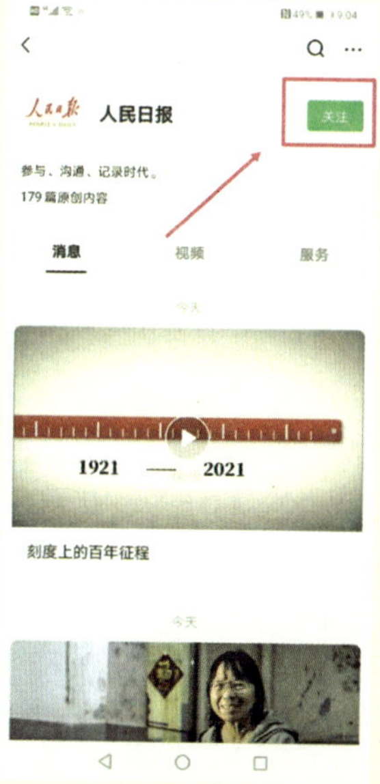


图7-6　“关注”选项

图7-7　与公众号的互动界面

## 7.2 查看公众号消息

当我们关注并退出公众号以后，想要再次查看公众号消息，应该怎么操作呢？

在微信通讯录界面中点击“公众号”选项。进入“公众号”界面后即可看到我们所关注的公众号，想要查看哪个公众号的消息，点击该公众号。如图7-8、图7-9所示。

图7－8 “公众号”选项

图7－9 所关注的公众号

以“人民日报公众号”为例，进入该公众号界面后点击右上角的人头符号，即可看到所有的消息以及视频等，上下滑动便可查看。如图7－10所示。

图7－10 点击人头符号查看消息

# 7.3 删除公众号

如果我们不想再接收某公众号的消息，可以在“公众号”界面找到该公众号，用手指长按该公众号，直至弹出“不再关注”提示并点击，即可删除该公众号。如图7-11所示。

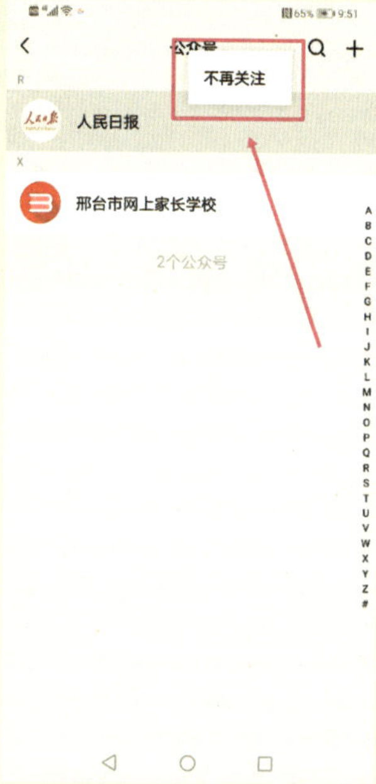


图7-11　删除公众号

# 7.4 添加小程序

简单来说，微信小程序是一种创新应用，相比其他应用无须下载即可使用。

## 7.4.1 搜索小程序

我们应该去哪里查找微信小程序呢？

在微信发现界面中，找到“小程序”选项并点击。进入“小程序”界面后，点击右上角的搜索符号，在弹出的搜索框中输入想要查找的小程序即可。如图7－12、图7－13所示。

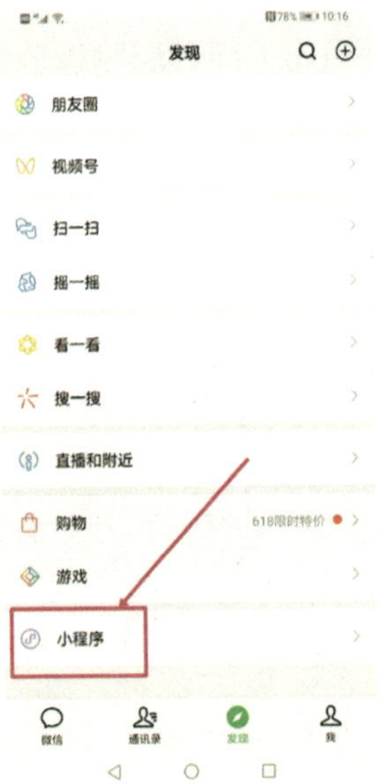


图7－12　“小程序”选项

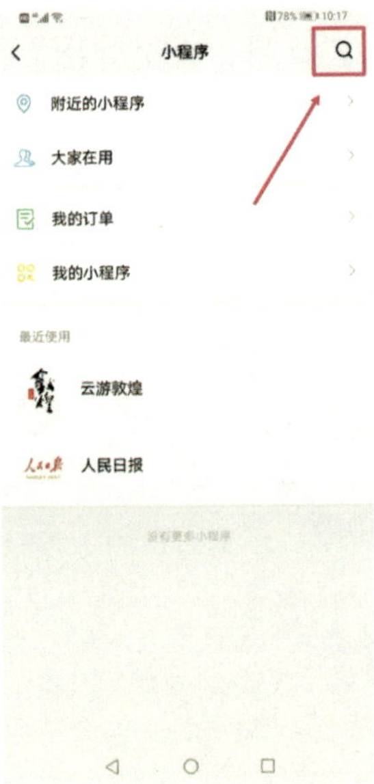


图7－13　搜索选项

我们以搜索“京东小程序”为例，在搜索框中输入“京东”，在弹出的选项中点击“京东购物”，就可以直接跳转至“京东购物”界面。如图7－14、图7－15所示。

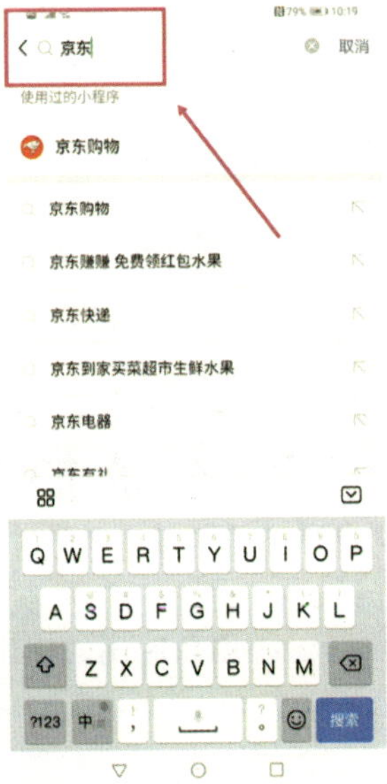


图7－14　输入“京东”

图7－15　“京东购物小程序”界面

除了通过搜索查找指定的微信小程序之外，我们也可以通过点击“小程序”界面的“附近的小程序”“大家在用”“我的订单”选项，查找相关微信小程序。如图7－16所示。

图7－16　其他搜索小程序选项

## 7.4.2 添加小程序

如果我们想要长期使用某一个，或者是某些微信小程序，就需要像关注微信公众号一样对其进行添加。

我们以搜索到的“京东购物小程序”为例，点击右上角的“…”符号，在弹出的菜单选项中点击“添加到我的小程序”即可。如图7－17所示。

图7－17　点击“添加到我的小程序”

# 7.5 我的小程序

在“小程序”界面中点击“我的小程序”可以对添加的所有小程序进行使用与管理。用手指轻触点击即可进入该小程序界面，而点击右上角的“编辑”，再点击该小程序前面的“-”符号，最后点击右上角的“完成”，即可删除该小程序。如图7-18、图7-19、图7-20所示。

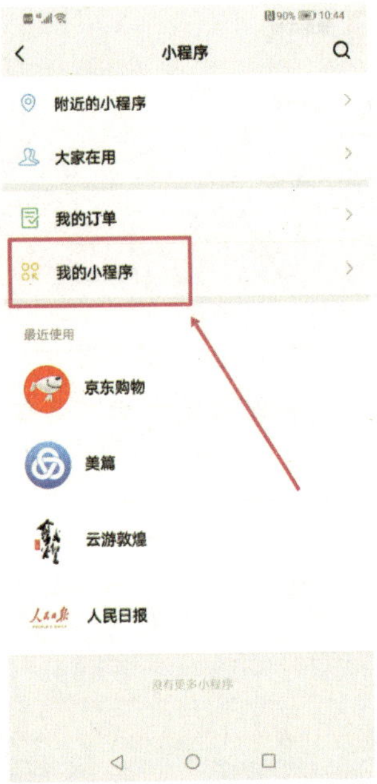


图7-18 “我的小程序”选项

图7-19 “—”符号

图7-20 点击“完成”删除小程序

# 第8章 朋友圈怎么玩

## 8.1 查看朋友圈

微信朋友圈是微信用户发表文字、图片，甚至是分享其他软件上的文章或者音乐的平台，同时也具有一定的社交功能。

### 8.1.1 打开朋友圈

一般来说，我们想要通过朋友圈与微信朋友进行互动，需要先打开朋友圈。

在“发现”界面的最上方点击“朋友圈”选项，即可进入“朋友圈”界面，查看所有的朋友圈动态，包括微信朋友发表的文字、图片、视频、音乐、文章等，甚至可以看到朋友发表的时间。如图8-1、图8-2所示。

图8-1 “朋友圈”选项

图8-2 朋友圈界面

## 8.1.2 查看朋友圈

如果我们想要查看某个微信朋友的朋友圈，可以在打开的“朋友圈”界面点击其微信头像，进入微信朋友的个人信息界面后，点击“朋友圈”即可查看这个微信朋友的朋友圈状态。如图8-3所示。

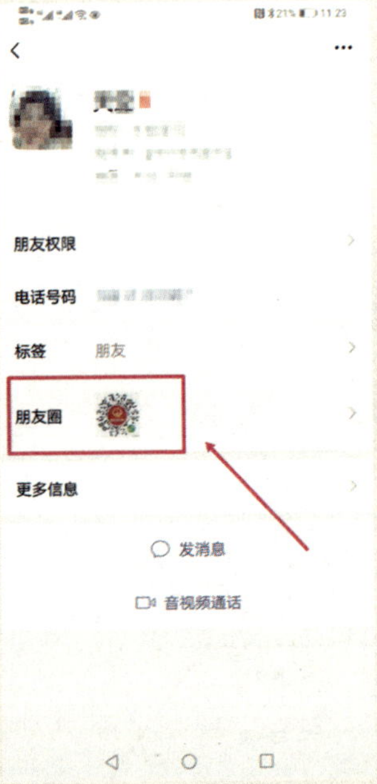


图8-3　微信朋友的个人朋友圈

## 8.1.3 点赞/关闭/投诉赞助商提供的广告信息

当我们在“朋友圈”界面上下滑动查看的时候，往往会在不经意间看到一些赞助商提供的广告信息。对于这种推销信息，如果我们感觉有用可以点击查看，甚至可以点赞或者评论；如果是一些无用的广告，我们也可以将其关闭；对于一些垃圾广告（比如涉及欺诈、侵权的广告）我们也可以进行投诉。

点击朋友圈中广告信息右上角的“广告”，即可在弹出的菜单选项中选择“关闭此条广告”或者“投诉广告”。如图8-4所示。

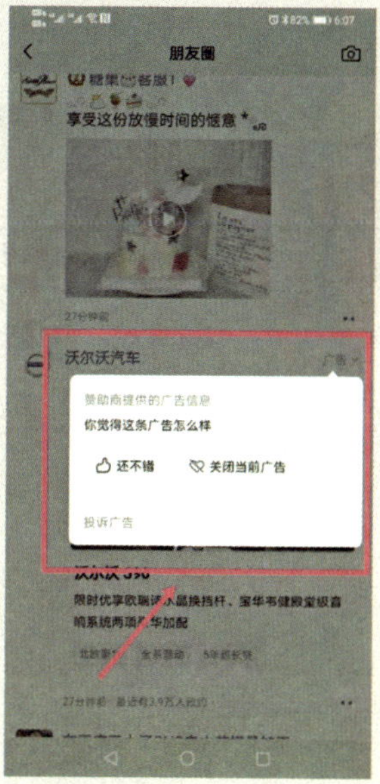


图8-4　广告信息

## 8.2 发表朋友圈

如果说查看别人的朋友圈是一种被动式的互动，那么我们也可以发表自己的朋友圈，与朋友进行主动式的社交。

### 8.2.1 拍摄图片或视频

朋友圈内容一般由文字、图片或者视频组成，所以发表朋友圈的方式也有多种，而通过拍摄图片或视频发表朋友圈是最简单和快捷的一种方式。

第一步，我们可以在“朋友圈”界面中点击右上方自己的微信头像。如图8-5所示。

第二步，界面跳转后，点击“朋友圈”进入自己的朋友圈界面。如图8-6所示。

图8－5　点击自己的头像

图8－6　点击“朋友圈”

第三步，点击“照相机”图标，在弹出的菜单选项中点击“拍摄”。如图8－7所示。

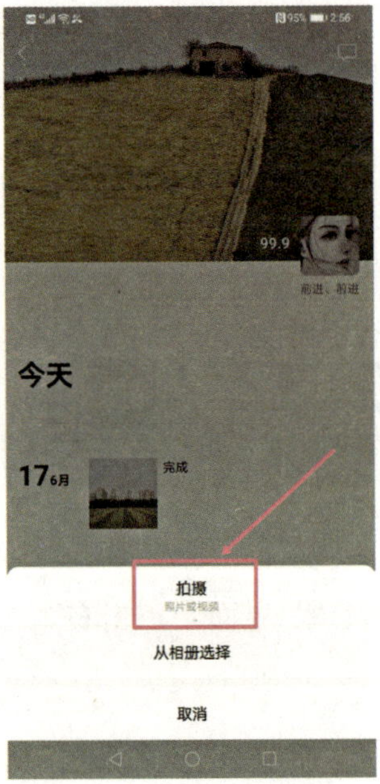


图8－7　“拍摄”选项

第四步，如果想要拍照，轻触按钮即可；如果想要拍摄视频，则需要长按按钮，拍摄完成后松开手指。无论拍摄的是照片还是视频，完成后都会在下方弹出几个选项，包括添加表情、添加文字、裁剪，对于视频还可以添加音乐，从而可以对照片的位置、视频的长度进行调整。最后点击右下角的“完成”，照片或者视频便会被成功应用。如果拍摄的是照片，点击后面的“+”符号可以继续通过拍摄添加图片；如果拍摄的是视频，则只能应用一条视频。如图8-8、图8-9、图8-10所示。

图8-8　拍摄按钮

图8-9　编辑选项

图8-10　拍摄照片被成功应用

## 8.2.2 从相册选择图片或视频

在自己的朋友圈界面，点击“照相机”图标弹出的菜单选项中除了“拍摄”之外，我们发现还有一个选项，即“从相册选择”，这也是一种发表图片或者视频的方式。

第一步，点击“从相册选择”，跳转至手机相册界面后，即可选择想要发表的图片或者视频。如图8-11所示。

第二步，在手机相册界面，点击想要发表的图片或者视频上方的小圆圈选中即可。需要注意的是，每点击一张图片都会显示一个数字符号，这其实就是图片在朋友圈中显示的位置和顺序，所以我们可以在此进行排列。如图8－12所示。

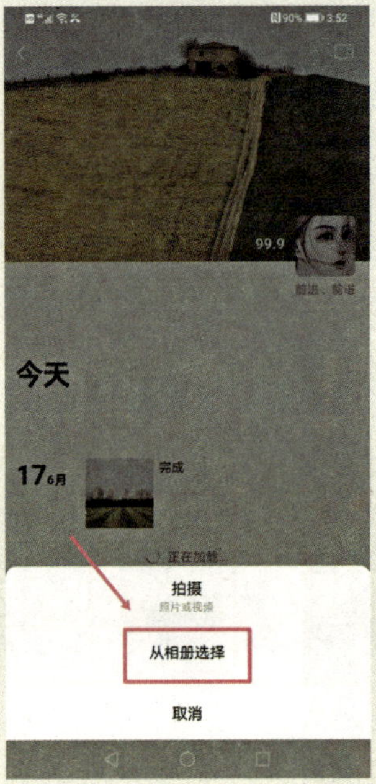


图8－11 “从相册选择”选项

图8－12 数字标识

第三步，朋友圈中可以显示的视频通常为一条，而显示的图片最多为9张。我们确定需要发表的所有图片后，点击右上角的“完成”，即可在朋友圈界面显示选择的图片。同时，在发表朋友圈的界面，也可以通过拖动图片进行顺序调整。如图8－13所示。

图8－13 从相册选择的图片

## 8.2.3 添加文字

在发表朋友圈的时候，一般都会先确定图片或者视频，然后再添加文字，而且操作也比较简单。

在我们确定发表的图片或者视频上方点击“这一刻的想法”即可输入文字内容，同时也可以通过点击左下方的“小笑脸”图标添加表情。如图8－14所示。

图8－14 添加文字内容和表情

## 8.2.4 添加所在位置

完成图片或者视频以及文字内容的添加，是不是就意味着可以发表一条朋友圈了？答案是肯定的。

当然，我们还可以进一步设置，让我们的朋友圈更加完善。例如，添加所在的位置，即点击图片或者视频下面的“所在位置”。如图8－15所示。

进入“所在位置”后也会有几种添加位置的方式可以选择：

第一种是点击右上角的搜索图标，在弹出的搜索框中输入想要查找的位置，点击搜索到的结果即可。如图8－16所示。

图8-15 “所在位置”选项

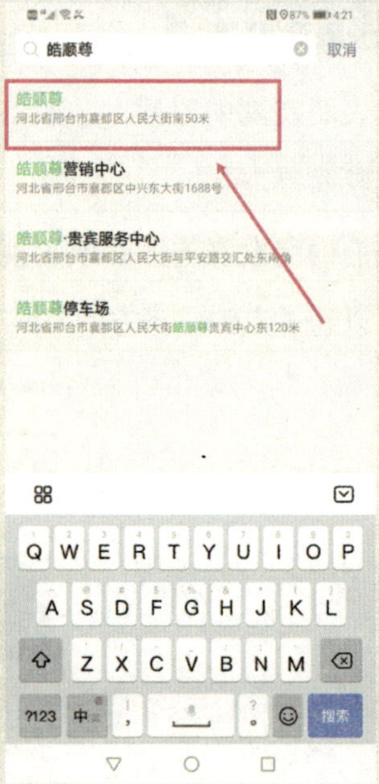


图8-16 搜索所在位置

第二种是不显示位置，即单击“不显示位置”即可。如图8-17所示。

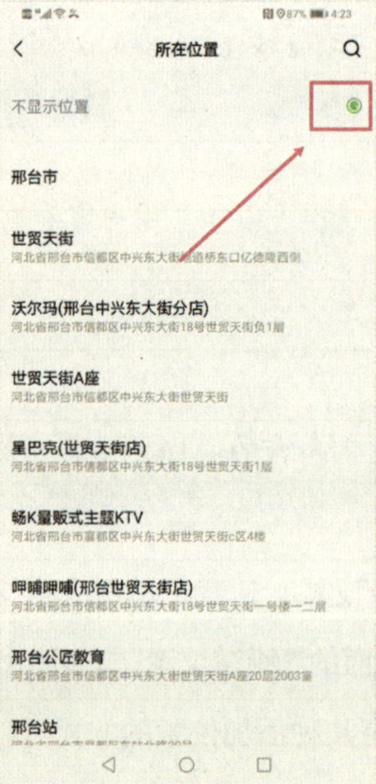


图8-17 不显示所在位置

第三种是在自动弹出的位置选项中选择一个想要显示的位置并点击即可。如图8-18所示。

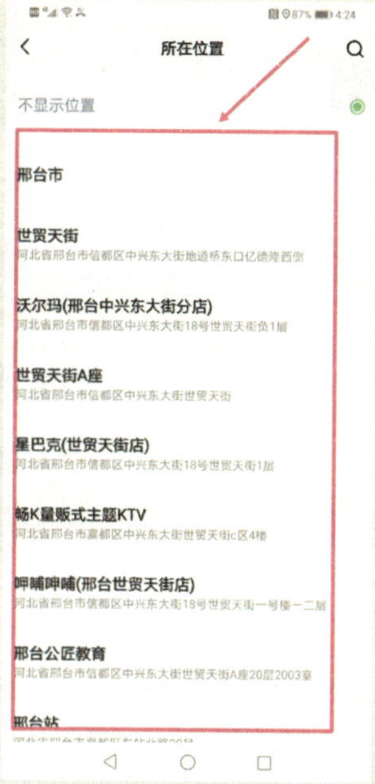


图8-18　自动弹出的位置选项

## 8.2.5 选择提醒谁看

如果我们担心所发表的朋友圈没有被某个朋友看到，可以选择提醒他进行查看。

点击图片或者视频下面的“提醒谁看”，界面跳转后点击需要提醒的朋友的微信头像前面的小圆圈，再点击右上角的“确定”即可。如图8-19、图8-20所示。

图8－19 “提醒谁看”选项

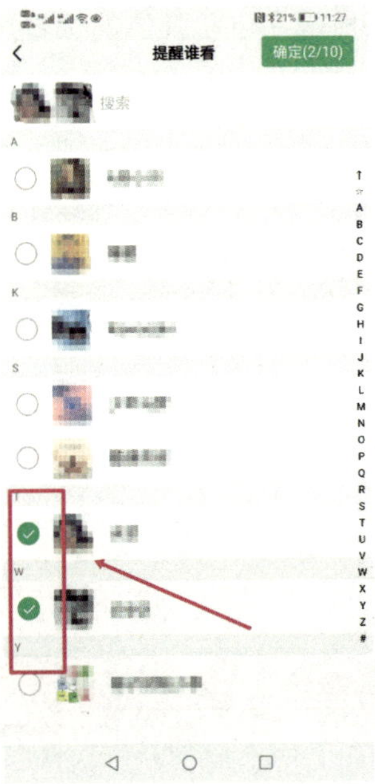


图8－20 选择需要提醒的朋友

## 8.2.6 设置谁可以看

我们所添加的微信朋友一般都可以看到我们发表的朋友圈。如果我们只想某个人或者某几个人看到，便可以通过设置“谁可以看”来实现。

点击图片或者视频下方的“谁可以看”，界面跳转后有四个选项可供选择：一是公开，即所有微信朋友都可以看见；二是私密，即只有自己可以看见；三是部分可见，即我们可以从群聊或者通讯录中选择能够看见的朋友；四是不给谁看，即我们从群聊或者通讯录中选择的朋友都将看不见。最后，点击右上角的“完成”即可。如图8－21、图8－22所示。

图8－21　“谁可以看”选项

图8－22　设置“谁可以看”的不同方式

## 8.2.7 同步到QQ空间

如果我们的微信已经绑定了QQ号，还可以将朋友圈同步到QQ空间，进一步扩大社交领域。

点击“谁可以看”选项下面的QQ空间图标，将其点亮后，再点击右上角的“发表”，则表示已经成功发表了一条朋友圈，同时也分享到了QQ空间。需要注意的是，我们的微信必须已经成功绑定了QQ账号，否则是无法分享的。如图8－23所示。

图8－23　点亮QQ空间图标

# 8.3 发表文字到朋友圈

在上面的内容中我们曾经讲到过一条完整的朋友圈需要有图片或者视频以及文字内容，那么没有图片或者视频是不是就无法发表朋友圈呢？

很多微信用户可能遇到过这样的情况：发表朋友圈的时候突然发现没有合适的图片或者视频，又或者是不想添加图片或者视频，只想单纯地发一段文字，阐述一下自己的状态或者心情，这时应该怎么办呢？

点击“发现”进入“朋友圈”界面后，用手指长按右上角的“照相机”图标即可跳转至“发表文字”界面。然后，我们可以点击“这一刻的想法”输入文字，同时也可以对“所在位置”“提醒谁看”“谁可以看”“分享QQ空间”等进行设置，最后点击右上角的“发表”即可。如图8－24、图8－25所示。

图8－24 “照相机”图标

图8－25 输入文字

# 8.4 评论与转发

微信朋友圈的主要作用就是社交，即他人通过查看我们的朋友圈，我们通过查看他人的朋友圈，彼此之间可以进行评论和转发，从而形成互动。

## 8.4.1 点赞、评论朋友圈

通常，当我们发表具有正能量的朋友圈的时候，其他朋友看到后都会点赞或者评论。而当我们看到其他朋友发表的积极向上的朋友圈的时候，也可以对其点赞或者评论。

点击“发现”界面上方的“朋友圈”进入“朋友圈”界面，再点击一条朋友圈右下方的两个小点，在弹出的菜单选项中点击“心形”图标就表示为这条朋友圈点了一个赞，也可以点击“评论”发表自己的体会等。如图8－26、图8－27所示。

图8－26　点赞与评论选项

图8－27　成功点赞与发表评论

## 8.4.2 转发文字、图片或视频到朋友圈

当我们看到其他微信朋友的朋友圈比较心动，或者因为某种情况需要扩大社交领域的时候，也可以将他人朋友圈中的文字、图片或者视频转发到自己的朋友圈，让更多的微信朋友可以看到。

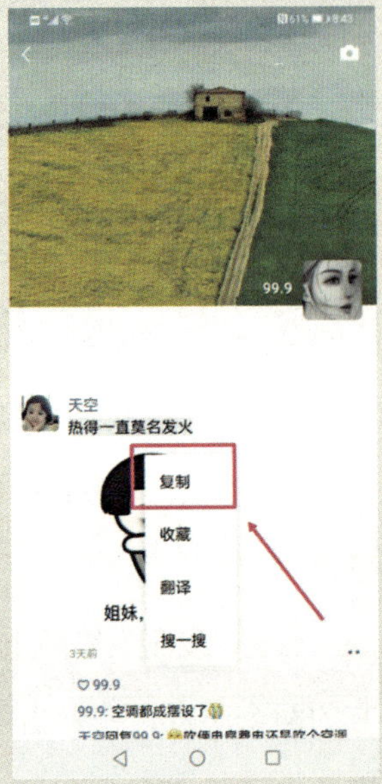


图8-28　复制文字

第一步，如果只是想转发文字消息，可以长按他人发表的朋友圈的文字内容，在弹出的菜单选项中点击“复制”。如图8-28所示。

第二步，进入“发表文字”界面后，长按“这一刻的想法”，在弹出的菜单选项中点击“粘贴”，然后点击右上角的“发表”即可。如图8-29所示。

图8-29　“粘贴”选项

第三步，如果想要转发文字+图片或者视频，可以先轻触点击他人朋友圈中的图片或者视频，使其处于放大或者播放状态，然后长按该图片或者视频，在弹出的菜单选项中点击“保存图片”或者“保存视频”。如图8-30所示。

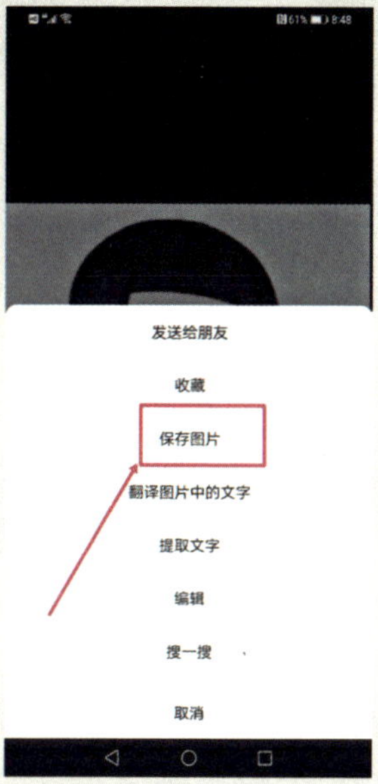


图8-30 “保存图片”选项

第四步，图片或者视频保存完成后，长按该条朋友圈的文字内容，在弹出的菜单选项中点击“复制”(与转发文字朋友圈的操作相同)。

第五步，点击“朋友圈”界面右上角的“照相机”图标，在弹出的菜单选项中点击“从相册选择”。进入手机相册界面后选择之前保存的图片或者视频并点击右上角的“完成”即可。如图8-31、图8-32所示。

图8-31 点击“照相机”图标

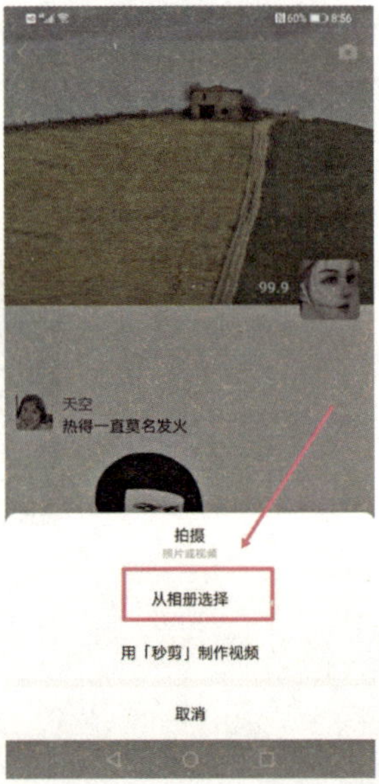


图8-32 点击“从相册选择”

第六步，进入发表朋友圈界面后，长按“这一刻的想法”，在弹出的菜单选项中点击“粘贴”，最后点击右上角的“发表”，则表示转发朋友圈成功。如图8-33所示。

图8-33 成功转发朋友圈

# 8.5 朋友圈设置

对朋友圈的一些细分的功能进行设置，可以帮助我们通过朋友圈与其他微信朋友更好地互动。

## 8.5.1 更换相册封面

“相册封面”在微信用户个人朋友圈界面中几乎占据了三分之一的位置，所以一个具有视觉冲击力的“相册封面”更容易与微信朋友产生互动。

第一步，点击个人朋友圈界面中的“相册封面”，在弹出的菜单选项中点击“更换相册封面”。如图8－34所示。

第二步，进入“更换相册封面”后，我们可以通过“从手机相册选择”“拍一张”“摄影师作品”三种方式进行更换。如图8－35所示。

图8－34 “更换相册封面”选项

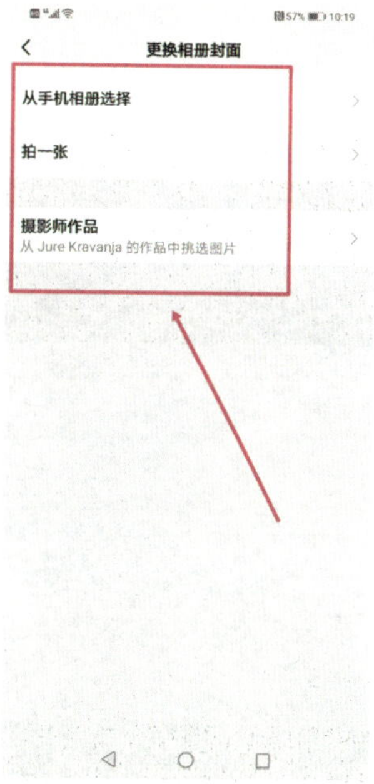


图8－35 三种不同的更换方式

图8－36　摄影师作品

第三步，以“摄影师作品”为例，点击进入之后，首先可以看到摄影师的相关介绍，然后上下滑动界面可以看到有多种封面图片可以选择，包括风光、色彩等。如图8－36所示。

第四步，点击喜欢的图片，再点击图片下方的“设为相册封面”，即可成功更换相册封面。如图8－37、图8－38所示。

图8－37　“设为相册封面”选项

图8－38　成功更换相册封面

## 8.5.2 设置朋友权限

我们的朋友圈和状态一般会默认为允许所有的微信朋友查看。如果我们不想让某些朋友查看或者也不想看他们的朋友圈和状态，应该怎么办呢？

第一步，点击微信主界面下方的“通讯录”，找到需要设置朋友权限的微信朋友并点击其头像或昵称。如图8－39所示。

第二步，进入微信朋友的“个人信息”界面后，点击“朋友权限”。如图8－40所示。

图8－39　选择微信朋友

图8－40　“朋友权限”选项

第三步，在“朋友权限”界面，我们可以选择点击“仅聊天”，使对方看不到我们的朋友圈、状态、微信运动等。同时，我们也可以仅对朋友圈和状态的权限进行设置，将“不让她看我”和“不看她”后面的按钮开启，则对方将看不到我们的朋友圈和状态，我们也看不到对方的朋友圈和状态，但是彼此可以看到对方的微信运动。如图8－41所示。

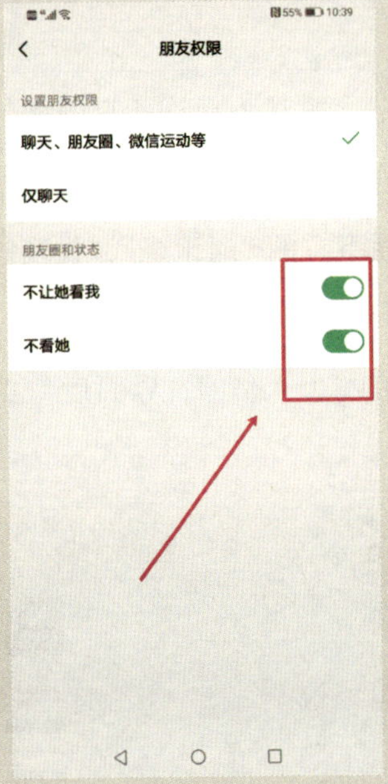


图8-41　开启“不让她看我”和“不看她”功能

## 8.5.3 设置朋友圈权限

通过设置朋友权限可以针对特定的微信朋友进行相关信息的屏蔽，但是如果我们对其他的微信朋友也不想过多地展示自己的朋友圈和状态，就需要通过设置朋友圈权限来完成。

第一步，点击微信主界面右下角的“我”，进入“个人信息”界面后找到“设置”选项并点击。如图8-42所示。

图8-42　“设置”选项

第二步，在“设置”界面中找到“隐私”选项并点击。如图8-43所示。

图8-43　“隐私”选项

第三步，在“隐私”界面中找到“朋友圈”选项并点击。如图8-44所示。

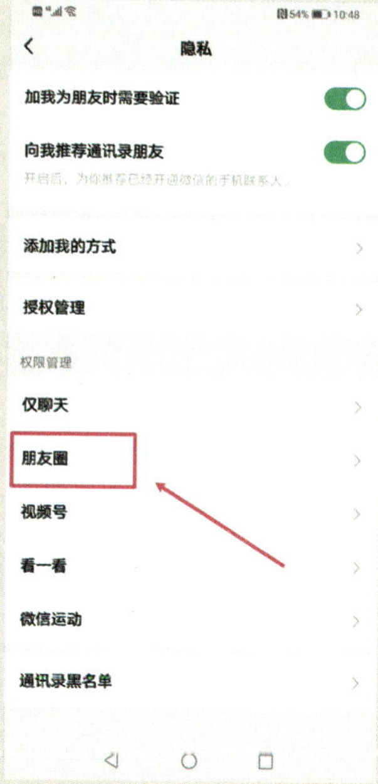


图8-44　“朋友圈”选项

第四步，在“朋友圈权限”界面中，将“允许陌生人查看十条朋友圈”后面的按钮开启，则只会让没有添加为微信朋友的人看到10条自己的朋友圈和状态。如图8－45所示。

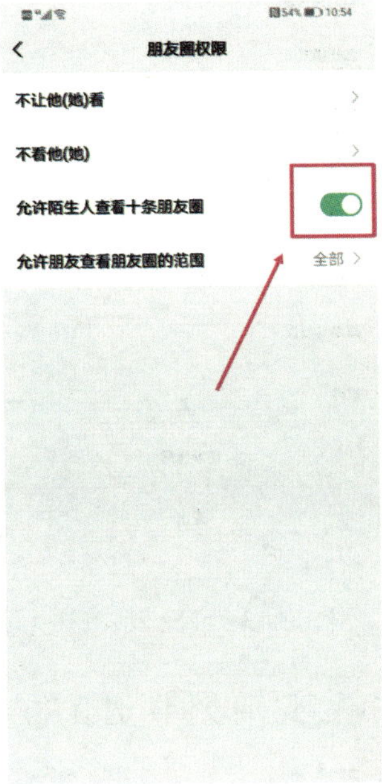


图8－45　启用“允许陌生人查看十条朋友圈”功能

第五步，如果在“朋友圈权限”界面中点击“允许朋友查看朋友圈的范围”，在弹出的菜单选项中可以针对不同的时间限制进行选择，包括“最近半年”“最近一个月”“最近三天”“全部”。我们可以根据自己的需求点击对应选项前面的小圆圈即可。如图8－46所示。

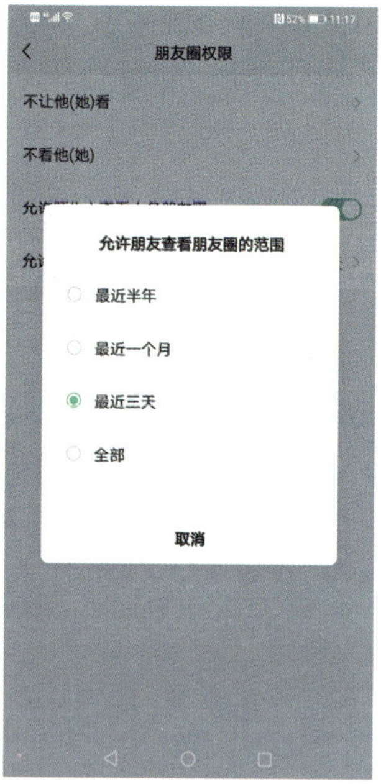


图8-46　选择允许朋友查看最近三天的朋友圈

## 8.6 编辑已发表朋友圈

如果我们发现自己发表的朋友圈中有错误需要更改，或者想要更换图片、视频，又或者想要增加（删减）一些内容，应该怎么操作呢？

第一步，点击微信主界面下方的“发现”，并在“发现”界面中点击“朋友圈”。如图8-47所示。

第二步，进入“朋友圈”界面后找到想要重新编辑的朋友圈，点击其下方的“删除”，在弹出的提示选项中再次点击“删除”。如图8-48所示。

图8－47 “朋友圈”选项

图8－48 “删除”选项

第三步，成功删除需要编辑的朋友圈后会出现一个“重新编辑”的选项。如图8－49所示。

图8－49 “重新编辑”选项

第四步，点击“重新编辑”后，之前删除的朋友圈的文字内容和图片或者视频将会重新显示在“发表”界面。当我们重新编辑完成后，点击右上角的“发表”即可。如图8-50、8-51所示。

图8-50　重新编辑朋友圈

图8-51　重新编辑后发表的朋友圈

# 第9章 微信支付

## 9.1 微信收付款

移动支付作为一种高速发展的新兴工具，除了人们所熟知的支付宝，微信收付款也是一种使用比较方便的功能，但是依然有很多人对微信收付款的使用不是很了解，下面就向大家讲述一下微信的收付款功能如何操作。

### 9.1.1 二维码收款

如果我们需要向微信朋友收款，在上面的内容中我们提到过可以通过发红包或者转账的方式，但是对方往往又会担心发错对象，或者彼此不是微信朋友则无法支付。而使用二维码收款则完全不用为此担忧，因为每个人的收款二维码是不同的，即使是陌生人也可以通过扫描收款二维码进行付款。

第一步，在微信主界面点击右上角的“+”符号，在弹出的菜单选项中点击“收付款”。如图9-1所示。

图9-1 “收付款”选项

第二步，进入“收付款”界面后点击“你已阅读并同意《付款用户服务协议》”前面的小圆圈，并点击开启。然后界面会跳转至输入支付密码界面，输入验证身份即可(由于涉及隐私微信不允许截图，所以这里不再做图例)。

第三步，在收付款界面中点击“二维码收款”，则会弹出收款二维码。如图9-2所示。

图9-2 “二维码收款”界面

第四步，我们可以点击“二维码收款”界面中的设置金额，只要最高金额不超过30万均可输入，然后点击右下角的“确定”，则对方扫描后便会直接弹出需要支付的对应金额。如图9-3、图9-4所示。

图9－3 “设置金额”选项

图9－4 输入收款金额

第五步，如果点击“保存收款码”则可以直接将收款二维码保存至手机相册，便于直接发送给需要付款的朋友。如图9－5所示。

图9－5 “保存收款码”选项

第六步，点击右上角的“…”符号，再点击下方弹出的“开启收款到账语音提醒”，我们便会在对方付款成功后收到语音提示。如图9-6所示。

第七步，点击“收款小账本”可以在跳转的界面中查看收款笔数以及总金额等。如图9-7所示。

图9-6 开启收款到账语音提醒

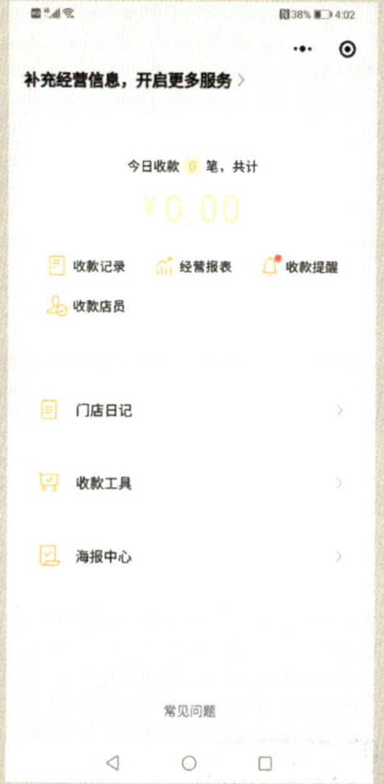


图9-7 “收款小账本”界面

## 9.1.2 二维码付款

二维码付款也是一种简便的功能，但只是针对向商家付款，无须发红包、转账，也无须扫描商家的收款二维码，仅需要向商家出示付款二维码即可。

第一步，点击微信主界面右上角的“+”符号，在弹出的菜单选项中点击“收付款”(与二维码收款的第一步操作一致，不再做图例)。

第二步，进入“收付款”界面后首先会弹出一个重要提示，即“该功能仅用于向商家付款。请不要将付款码及数字发送给他人，以保障资金安全。”了解后点击“知道了”即可。

第三步，点击提示界面下方的“使用说明”，根据流程步骤进行操作即可。如图

9-8所示。

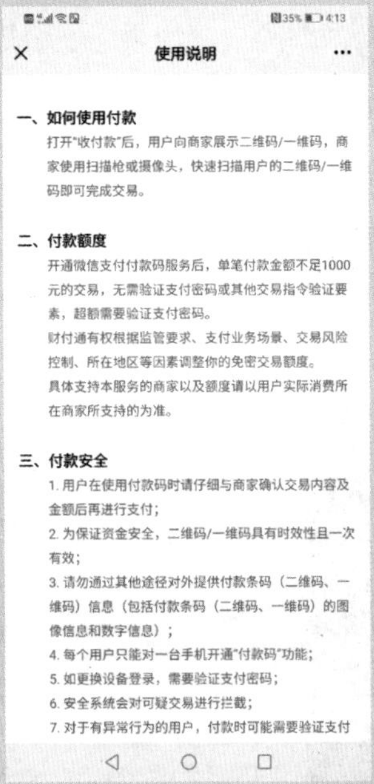
35% 4:13
使用说明
一、如何使用付款
打开"收付款"后，用户向商家展示二维码/一维码，商家使用扫描枪或摄像头，快速扫描用户的二维码/一维码即可完成交易。
二、付款额度
开通微信支付付款码服务后，单笔付款金额不足1000元的交易，无需验证支付密码或其他交易指令验证要素，超额需要验证支付密码。
财付通有权根据监管要求、支付业务场景、交易风险控制、所在地区等因素调整你的免密交易额度。
具体支持本服务的商家以及额度请以用户实际消费所在商家所支持的为准。
三、付款安全
1. 用户在使用付款码时请仔细与商家确认交易内容及金额后再进行支付；
2. 为保证资金安全，二维码/一维码具有时效性且一次有效；
3. 请勿通过其他途径对外提供付款条码（二维码、一维码）信息（包括付款条码（二维码、一维码）的图像信息和数字信息）；
4. 每个用户只能对一台手机开通"付款码"功能；
5. 如更换设备登录，需要验证支付密码；
6. 安全系统会对可疑交易进行拦截；
7. 对于有异常行为的用户，付款时可能需要验证支付

图9-8　二维码付款操作方法

## 9.1.3 赞赏码

“赞赏码”主要应用于收取赞赏、消费等个人收款场景，是微信推出的一款新功能，适合餐饮服务人员、快递服务人员等使用。

第一步，在“收付款”界面点击“赞赏码”。进入“赞赏码”界面首先需要点击“开通二维码赞赏”开启二维码赞赏功能。如图9-9所示。

第二步，进入“赞赏设置”界面后，可以添加赞赏引导语，也就是可以打动或吸引对方进行赞赏的话语，也可以修改赞赏金额，即每个显示的金额都可以更改，但单个金额不可过200元。如果对赞赏金额不修改，则默认为1元、5元、10元、50元、100元，当对方扫描后，会在对方的手机界面中自动弹出赞赏金额。完成设置后，点下方的“生成赞赏码”。如图9-10所示。

图9－9　开启二维码赞赏功能

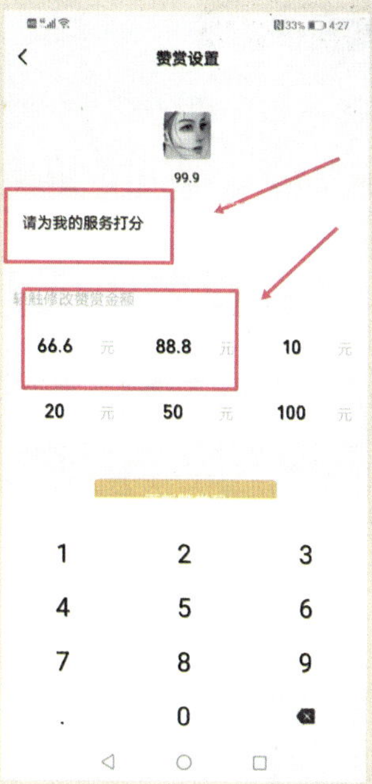


图9－10　进行赞赏设置

第三步，在“赞赏码”界面，我们也可以点击“保存赞赏码”，将其保存至手机相册后方便在其他场景中使用。同时，如果我们点击最下方的“赞赏记录”，可以查看近12个月的交易数据。如图9－11、图9－12所示。

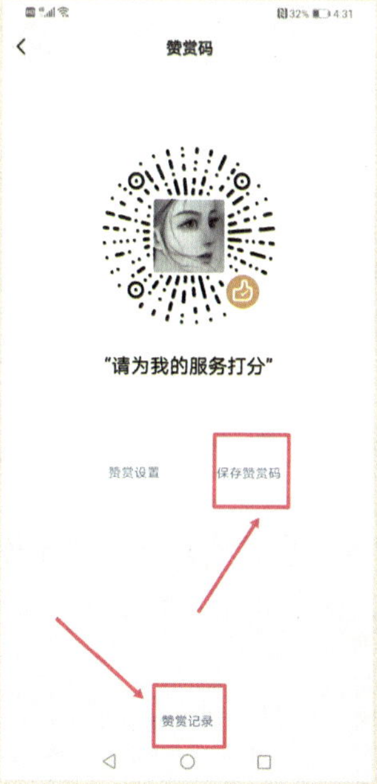


图9－11　“保存赞赏码”与“赞赏记录”选项

图9－12　“赞赏记录”界面

## 9.1.4 群收款

在生活、工作以及学习中，缴纳班费、朋友聚餐AA制时，如果单独向每个人收取费用会非常烦琐，而通过“群收款”功能收取费用，则会方便很多。

第一步，在“收付款”界面点击“群收款”。当界面跳转后，点击下方的“选择聊天”。如图9－13所示。

第二步，进入“选择”界面后根据实际情况选择需要付款的微信朋友，点击其微信头像或者昵称即可（可以选择单个微信朋友，也可以选择一个微信群）。同时，我们也可以通过搜索查找需要付款的微信朋友。如图9－14所示。

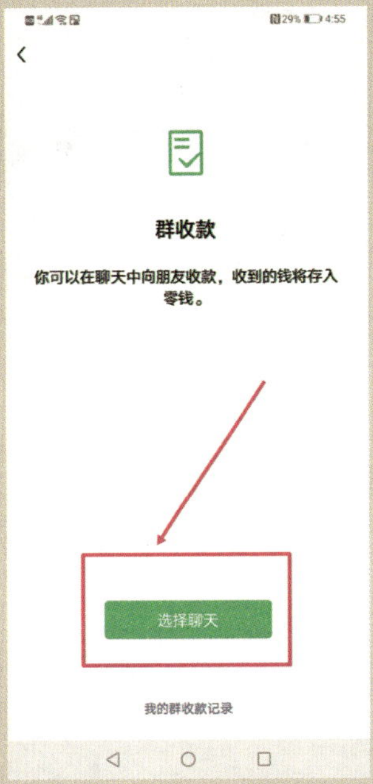


图9－13　点击“选择聊天”

图9－14　选择群收款对象

第三步，进入“群收款”界面后，我们首先需要确定收款方式，即点击“人均模式”右边的小箭头，在弹出的菜单选项中还可以选择“按人填金额”“让群成员填写金额”。如图9－15、表9－1所示。

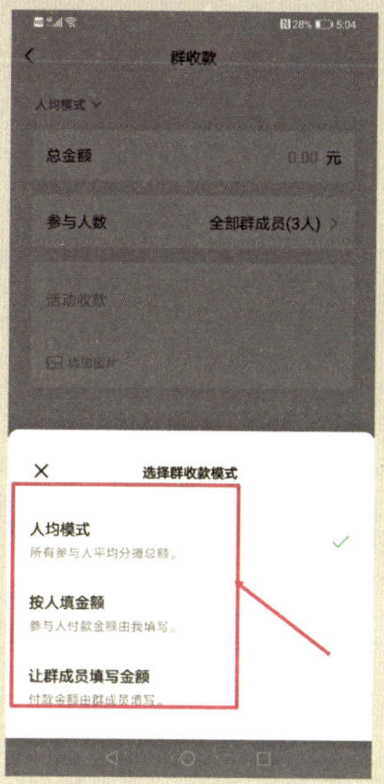


图9-15　三种群收款模式

表9-1　不同“群收款”模式对比

| 模式＼区别 | 人均模式 | 按人填金额 | 让群成员填写金额 |
|---|---|---|---|
| 金额限制 | 每人最高5 000元 | 每人最高5 000元 | 每人最高5 000元 |
| 金额填写者 | 自动分摊总金额 | 发起人填写 | 群成员填写 |

第四步，以“人均模式”为例，在总金额后面输入数额后，系统将根据参与人数，自动分配人均金额。如图9-16所示。

图9－16　人均模式群收款金额设置

第五步，点击“活动收款”可以输入文字内容对此次收款进行解释，同时也可以点击“添加图片”，进一步对收款的情况作说明。如图9－17所示。

图9－17　群收款说明

第六步，点击“发起收款”，在弹出的提示选项中点击“发送”，群聊窗口中便会出现“群收款”提示。如图9－18、图9－19所示。

图9－18 点击“发送”

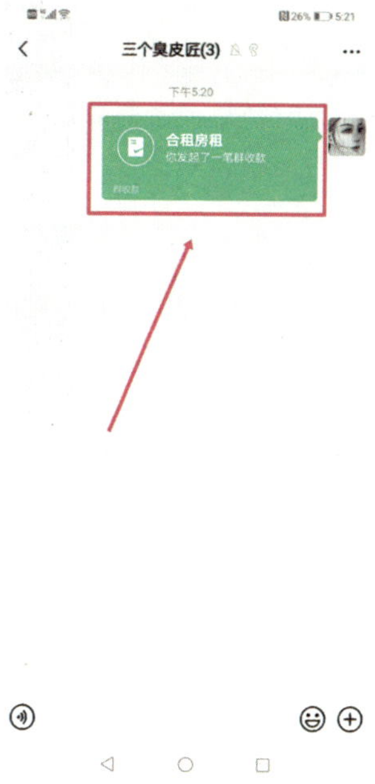


图9－19 成功发起群收款

## 9.1.5 面对面红包

“面对面红包”其实也是一种与微信朋友的互动功能，比如在同事、朋友、家人聚会的时候，可以包一个红包，然后微信会生成一个二维码，大家通过扫描二维码即可抢红包。

第一步，点击“收付款”界面中的“面对面红包”。进入“面对面红包”界面后点击下方的“包红包”（由于涉及隐私，微信不允许截图，故不做图例）。

第二步，进入“发红包”界面后根据实际情况点击“拼手气红包”右边的小箭头，也可以选择“普通红包”（拼手气红包与普通红包的区别我们在上面内容中已经讲述，这里不再赘述）。如图9－20所示。

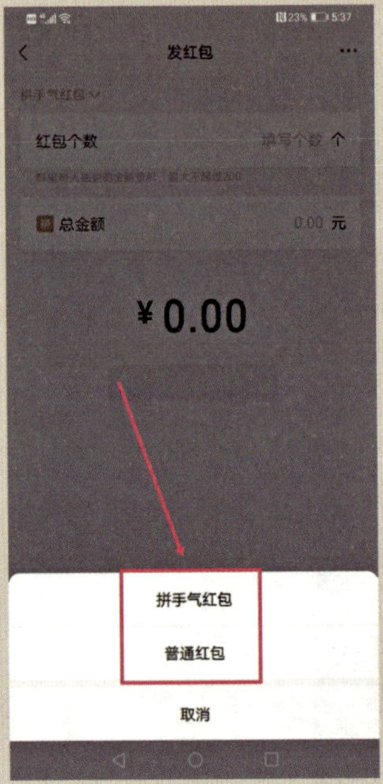


图 9－20　面对面红包模式

图 9－21　填写红包个数与总金额

第三步，以“拼手气红包”为例，根据实际情况填写红包个数以及总金额。填写完成后，点击“塞钱进红包”并输入支付密码，即可生成红包二维码，其他人通过扫描便会领取红包。如图 9－21 所示。

如果红包未被领取或者有所剩余，可以点击右上角的“…”符号，在弹出的菜单选项中点击“回收剩余红包”。

同时，需要说明的一点是，无论通过以上哪种方式进行收款或者抢到的红包，微信都会默认将其存入“零钱”。

## 9.1.6 向银行卡或手机号转账

在对方有需求，或者通过微信转账、二维码付款等方式不方便的情况下，我们也可以通过“向银行卡或手机号转账”功能完成支付。

第一步，点击“收付款”界面中的“向银行卡或手机号转账”，便会进入“请选择转账方式”界面。如图9-22所示。

图9-22 转账方式

第二步，点击“向银行卡转账”进入“转账到银行卡”界面，根据提示填写姓名、卡号、银行，并选择到账时间，然后点击“下一步”。如图9-23所示。

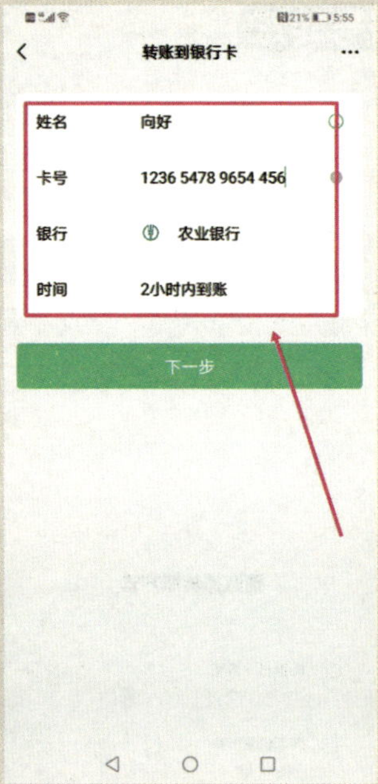


图9－23　输入转账信息

第三步，界面跳转后填写转账金额，并点击“转账”即可。如图9－24所示。

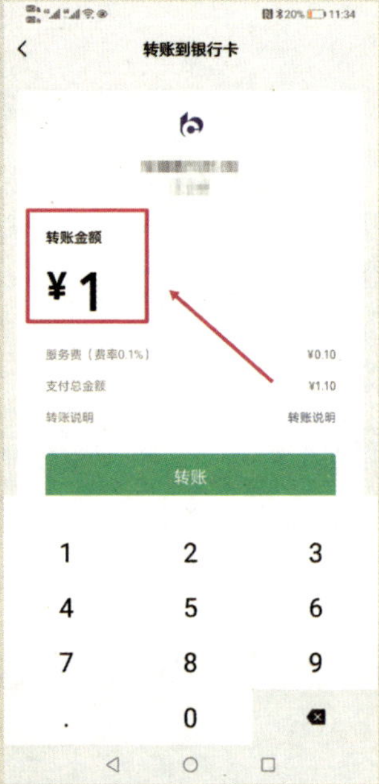


图9－24　输入转账金额

第四步，回到“请选择转账方式”界面点击“手机号收款设置”根据界面跳转后的提示完善支付管理。如图9－25、图9－26所示。

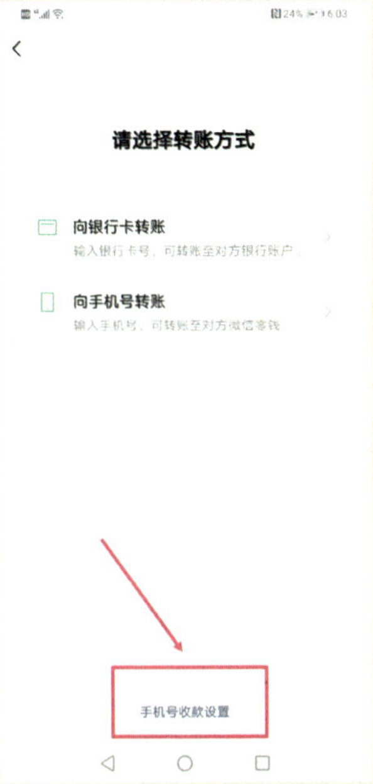


图9－25 “手机号收款设置”选项

图9－26 “支付管理”界面

第五步，再次返回“请选择转账方式”界面并点击“向手机号转账”，跟随界面的跳转点击“使用”，输入手机号并点击“确定”，填写转账金额后选择到账时间，再点击右下角的“转账”，确定支付方式（零钱或者银行卡）输入支付密码即可。如图9－27、图9－28、图9－29所示。

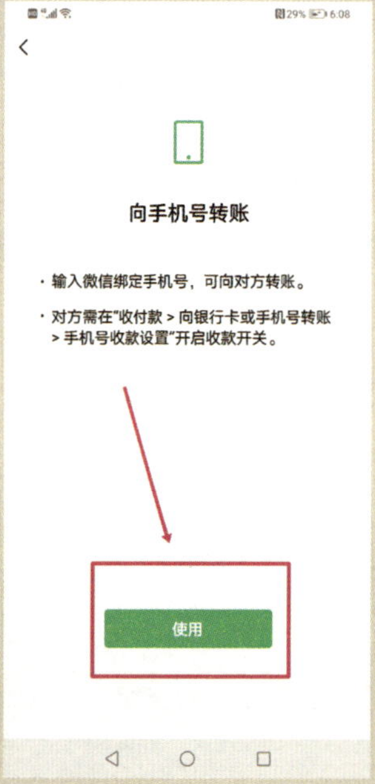
向手机号转账
· 输入微信绑定手机号，可向对方转账。
· 对方需在"收付款 > 向银行卡或手机号转账 > 手机号收款设置"开启收款开关。
使用

图9－27　点击“使用”

请填写对方手机号
请确认对方微信绑定的手机号，输入手机号即可向对方转账。
手机号
确定
符号
返回
下一项

图9－28　点击“确定”

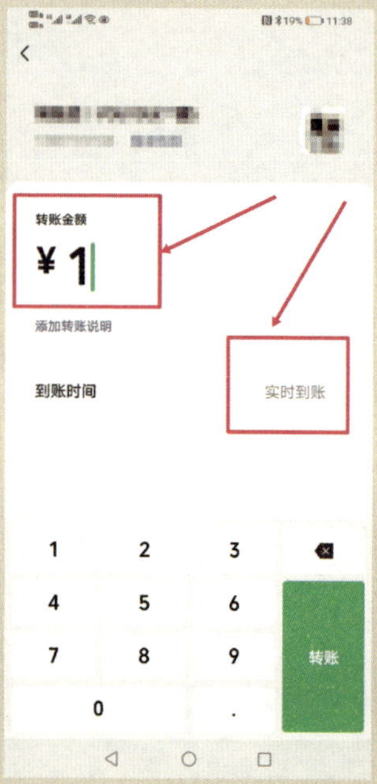
转账金额
¥ 1
添加转账说明
到账时间
实时到账
转账

图9－29　输入转账金额并选择到账时间

需要注意的是，通过手机号进行转账时，对方必须已经开启了“允许通过手机号向我转账”功能，否则无法通过手机号进行转账。

# 9.2 微信钱包

微信的功能一直在更新与升级，微信钱包就是其中一款使用率比较高的功能。那么，微信钱包在哪里，又应该如何使用呢？

## 9.2.1 账单

“账单”是对微信钱包收入与支出明细的记录，相当于出纳的账簿，可以查看具体的收支情况。

第一步，在微信主界面中点击右下角的“我”。进入“个人信息”界面后点击“支付”。如图9－30、图9－31所示。

图9－30　点击“我”

图9－31　“支付”选项

第二步，进入“支付”界面后，点击右上方的“钱包”（即微信钱包的位置）。如图9－32所示。

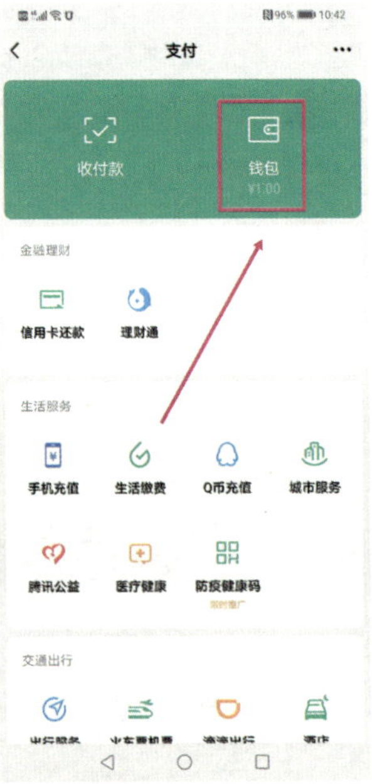


图9－32　微信钱包

第三步，在“钱包”界面点击右上角的“账单”即可查看钱包的收支情况。如图9－33、图9－34所示。

图9－33　“账单”选项

图9－34　“账单”界面

## 9.2.2 零钱

“零钱”就是我们平时收到的红包，以及通过微信转账获得的收入。如果我们在不选择其他方式的情况下，发红包以及转账都会默认为“零钱”。

第一步，点击“钱包”界面中的“零钱”进入“我的零钱”界面后，再点击右上角的“零钱明细”可以查看“零钱”的收支情况。如图9－35、图9－36、图9－37所示。

图9－35 “零钱”选项

图9－36 “零钱明细”选项

图9－37 “零钱明细”界面

第二步，返回“我的零钱”界面后点击下方的“充值”，可以在“充值”界面输入金额，再点击右下角的“充值”即可将银行卡中的钱转到零钱里面。需要注意的是，单日最多可充值5万元。如图9－38、图9－39所示。

图9-38 “充值”选项

图9-39 输入充值金额

第三步，点击“我的零钱”界面中的“提现”，可以将部分零钱或者全部的零钱转入银行卡。如图9-40所示。

图9-40 “提现”选项

第四步，在“零钱提现”界面我们还可以选择零钱转入的银行卡，确定后输入提现金额或者直接点击“全部提现”，再点击右下角的“提现”即可将零钱转入银行卡。如图9－41所示。

图9－41　输入提现金额

需要注意的是，自2016年3月1日起，微信更新了提现收费规则，即每人累计享有1 000元免费提现额度，超出后将收取手续费。

## 9.2.3 零钱通

“零钱通”功能其实就相当于银行的短期存款，将微信零钱转入“零钱通”以后，可以按照既定的收益率（2.50%）获得一定的利息。

第一步，点击“钱包”界面中的“零钱通”进入开通界面后，点击下方的“免费开通”，在弹出的选项中点击“同意”。如图9－42、图9－43、图9－44所示。

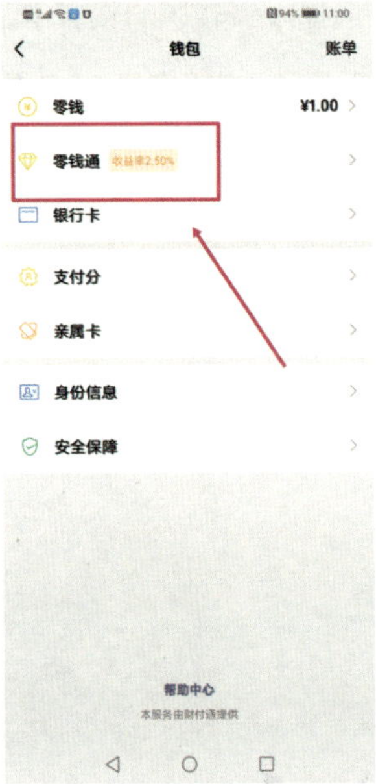


图9－42 “零钱通”选项

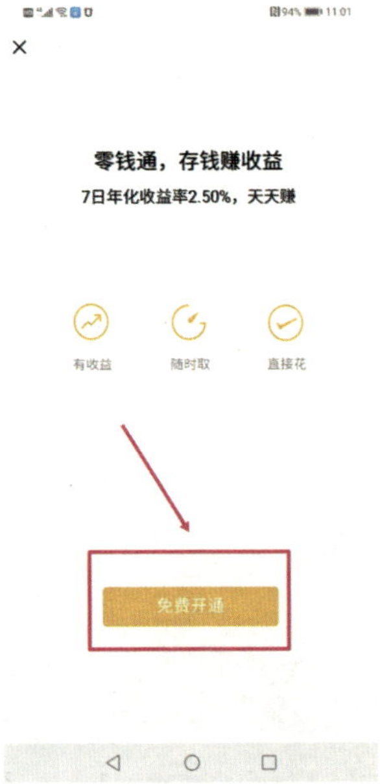


图9－43 点击“免费开通”

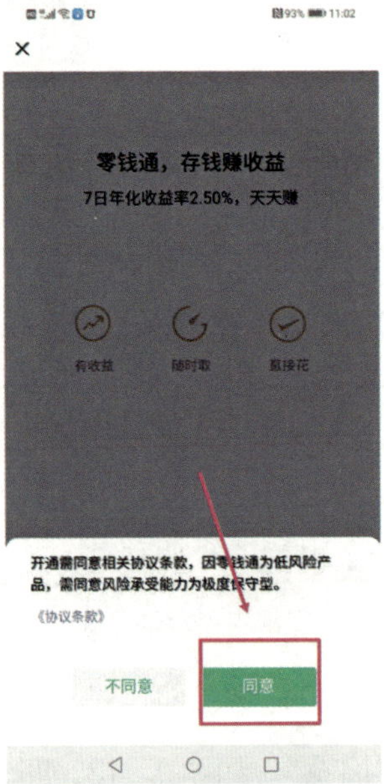


图9－44 点击“同意”

第二步，进入“零钱通”界面后，点击“转入”。在“转入”界面选择转入方式（银行卡、零钱或者添加新卡）后，输入转入金额再点击右下角的“转入”即可。同时，我们也可以选择“零钱通”界面下方的“工资卡自动转入”或者“理财通转入”。如图9－45、图9－46、图9－47所示。

图9－45　点击“转入”

图9－46　选择转入方式

图9－47　其他转入方式

第三步，点击“零钱通”界面最下方的“了解零钱通”，可以看到更详细的使用功能，比如银行卡转入的资金可以免费转出，即点击“零钱通”界面中的“转出”选项即可。如图9－48、图9－49所示。

图9－48　点击“了解零钱通”

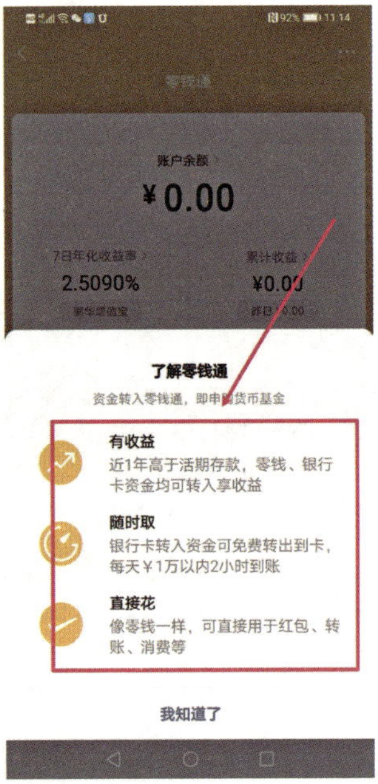


图9－49　更多使用功能

## 9.2.4 银行卡

“银行卡”是微信钱包的“坚强后盾”，不仅可以绑定一张银行卡，也可以同时绑定多张银行卡。

第一步，点击“钱包”界面的“银行卡”选项进入该界面后，点击“＋添加银行卡”。如图9－50、图9－51所示。

图9－50　“银行卡”选项

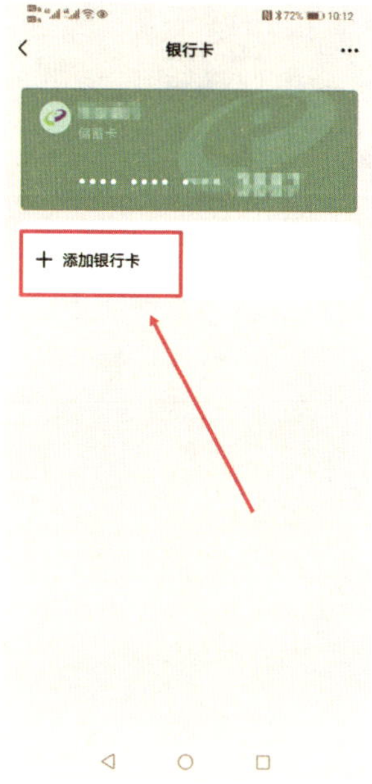


图9－51　点击“+添加银行卡”

第二步，在“添加银行卡”界面输入支付密码验证身份，然后输入自己的银行卡号、卡类型、手机号，点击“下一步”。如图9－52所示。

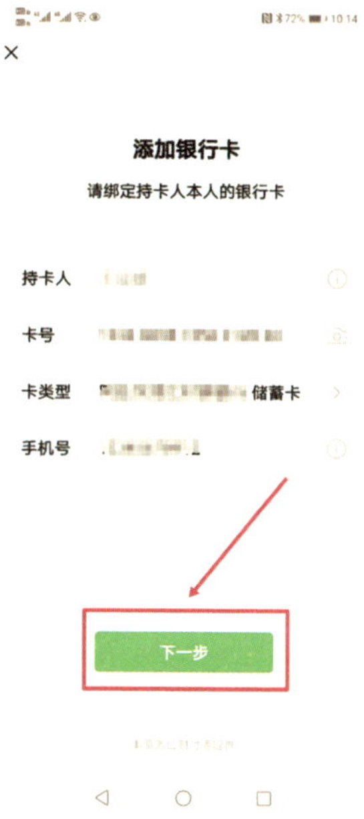


图9－52　输入银行卡信息

第三步，在“验证银行预留手机号”界面输入验证码，点击“下一步”即可添加成功。如图9－53所示。

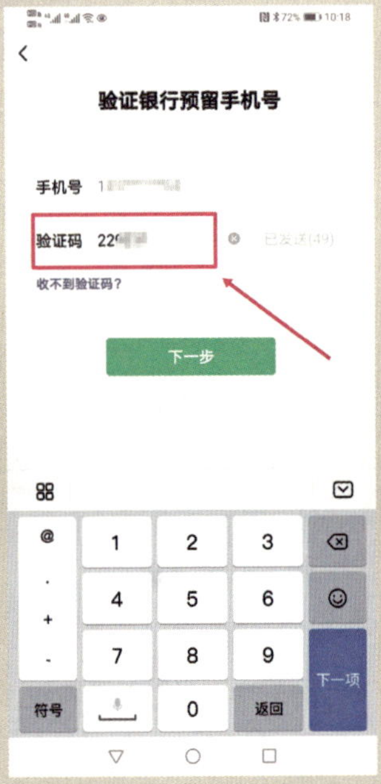


图9－53　输入验证码

第四步，点击“银行卡”界面任意一张绑定的银行卡，可以看到单笔限额与每日限额，同时点击右上角的“…”符号，在弹出的选项中点击“解除绑定”。如图9－54所示。

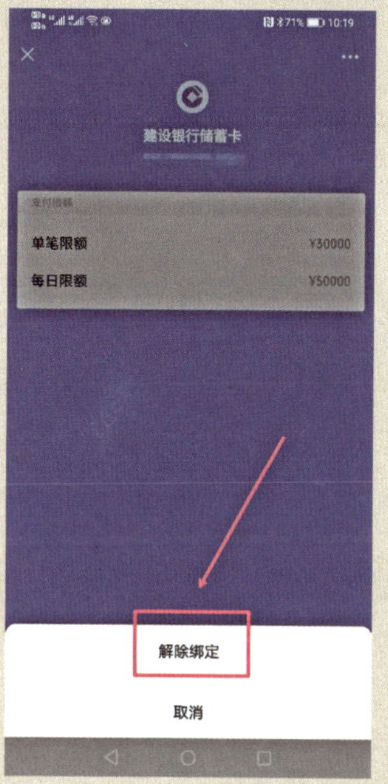


图9－54　点击“解除绑定”

第五步，在“解绑银行卡”界面输入支付密码进行身份验证，即可对这张银行卡进行解绑。

## 9.2.5 支付分

微信支付分是对使用微信的用户的综合评分，主要由稳定的实名信息以及个人基本信息构成的身份特质、由与使用微信支付相关的消费行为构成的支付行为、由与微信支付分相关的按时支付、超时未支付情况构成的使用历史进行评估得出。

换句话说，微信支付分是对个人的综合评分。通过2 500多个服务为微信用户提供更简单便捷的生活方式，得分达到一定标准后便可享有免押租借、先乘后付、便捷住宿、先玩后付、优惠先得等权益。

第一步，点击“钱包”界面的“支付分”，当界面跳转后点击“免费查看我的分数”，并在弹出的选项中点击“同意”。如图9-55、图9-56、图9-57所示。

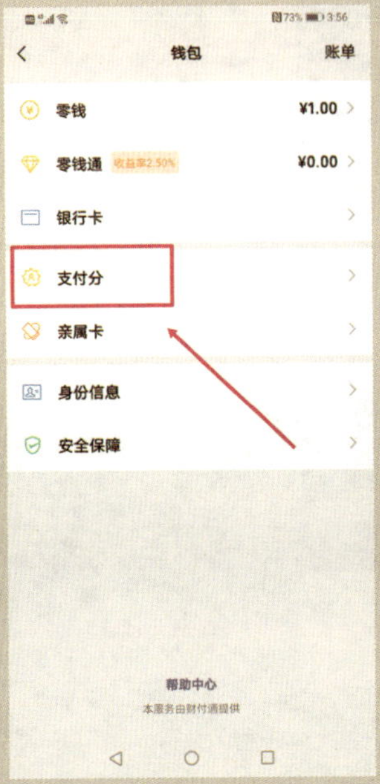


图9-55 “支付分”选项

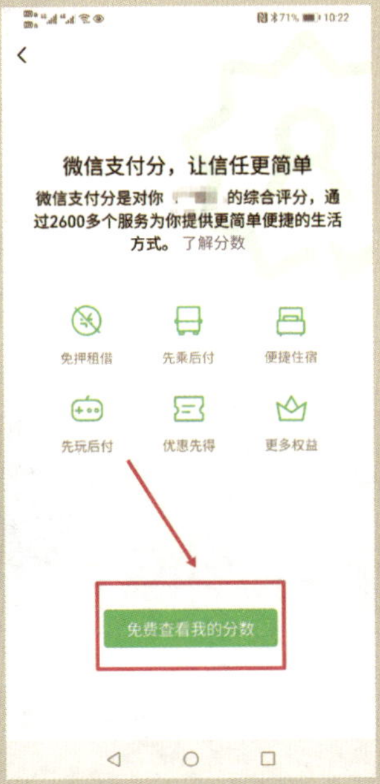


图9-56 点击“免费查看我的分数”

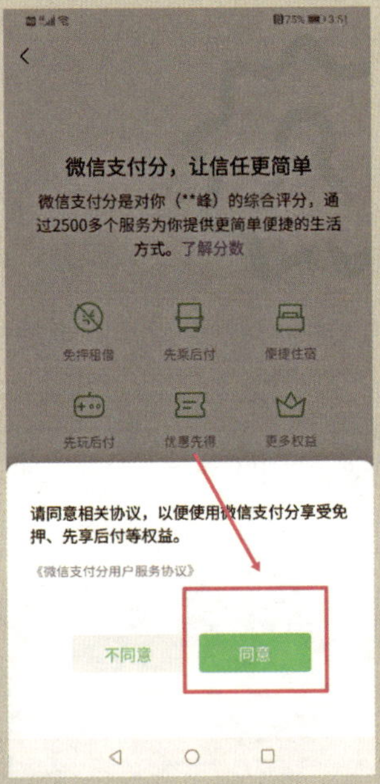


图9-57 点击“同意”

第二步，进入“刷脸验证”界面后点击下方的“验证”，并在弹出的选项中点击“同意”。如图9-58、图9-59所示。

刷脸验证
当前功能只有微信支付实名本人
才能使用，请确保为本人操作。
验证

图9-58　点击“验证”

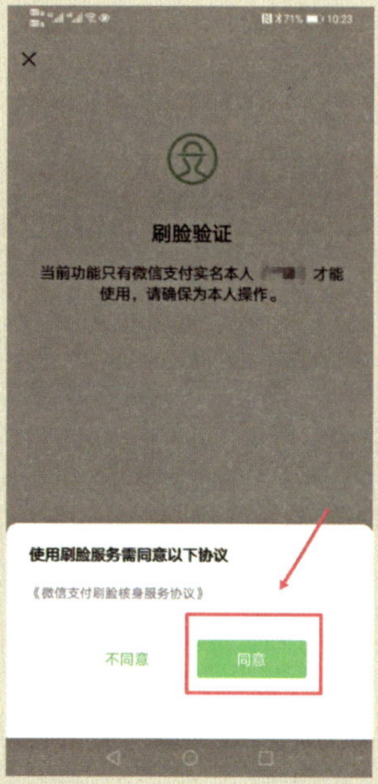
刷脸验证
当前功能只有微信支付实名本人
才能使用，请确保为本人操作。
使用刷脸服务需同意以下协议
《微信支付刷脸核身服务协议》
不同意
同意

图9-59　点击“同意”

第三步，进入“我的微信支付分”界面后可以看到自己的分值，而在界面下方的“发现服务”则是根据分值可以享有的权益。如图9-60、图9-61、图9-62所示。

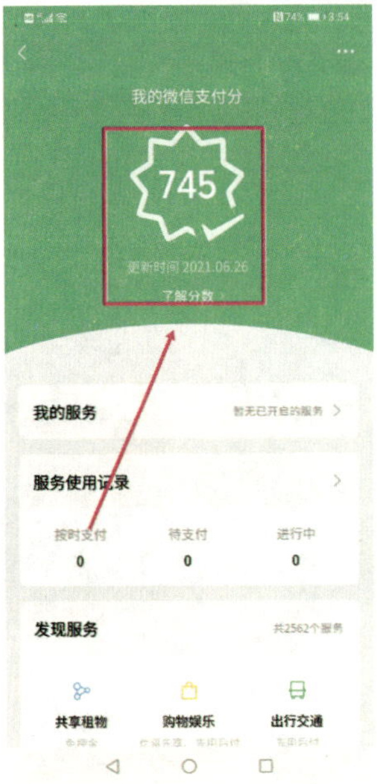


图9-60　支付分分数

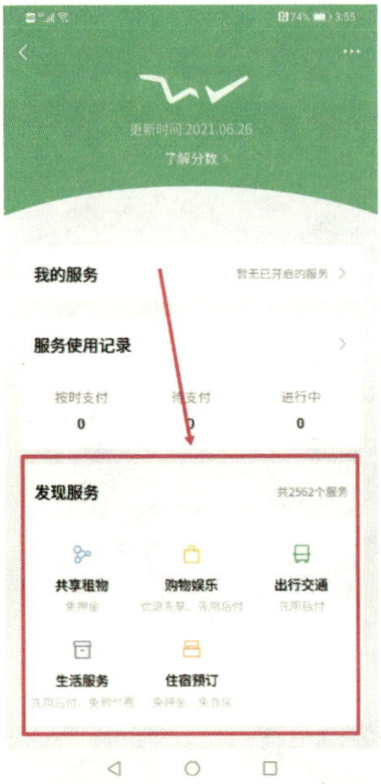


图9-61　享有的权益

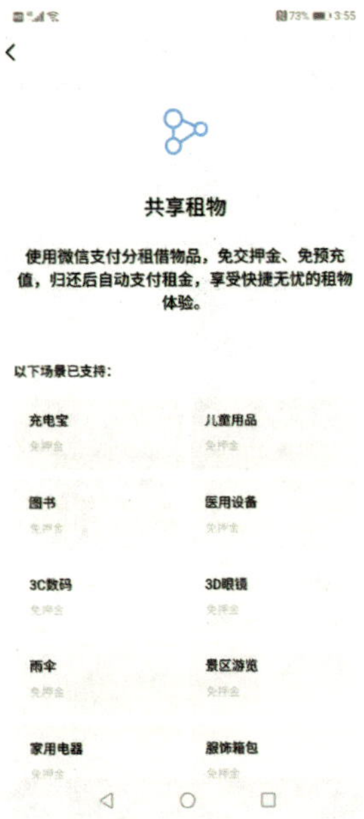


图9-62　“共享租物”的支持场景

## 9.2.6 亲属卡

微信的“亲属卡”类似于超市的购物卡，不同的是前者是虚拟卡，后者是实物卡。得到“亲属卡”的父母、子女可以进行消费，应用于大部分支持微信支付的消费场景，最高可设置3 000元/月，但是由赠送者支付。

第一步，点击“钱包”界面中的“亲属卡”，界面跳转后点击“赠送”，同时也可以点击“查看使用说明”进行详细了解。如图9－63、图9－64所示。

图9－63　“金属卡”选项

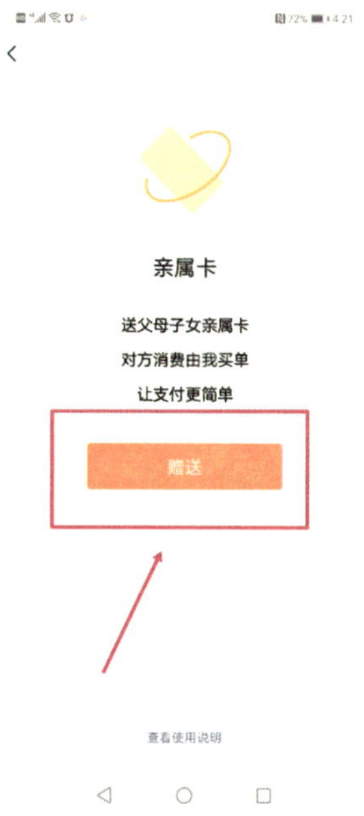


图9－64　点击“赠送”

第二步，进入“将亲属卡赠予”界面，可选择赠予的对象，包括父亲、母亲、子女。如图9－65所示。

图9－65　可赠送对象

第三步，在“选择朋友”界面点击对应赠予对象的微信头像。如图9－66所示。

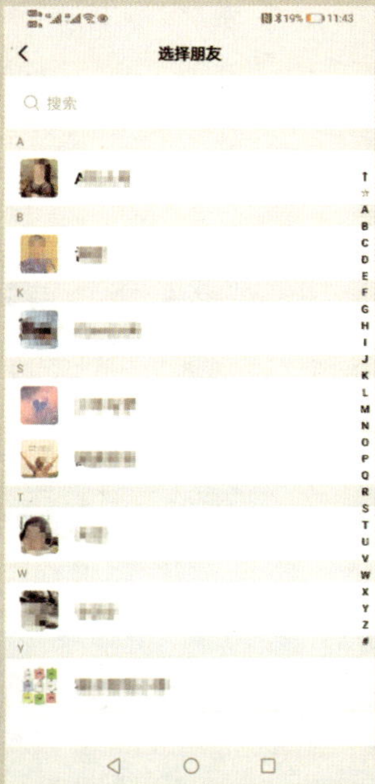


图9－66　选择赠送对象

第四步，进入“设置额度”界面，输入不超过上限的金额，点击赠送，输入支付密码进行身份验证后即可将“亲属卡”发送给对方。如图9－67所示。

图9－67 输入赠送金额

## 9.2.7 安全保障

“安全保障”其实就是对微信里面的钱实施的一种保护措施。我们可以点击“钱包”界面中的“安全保障”，在“微信保护你的支付安全”界面根据自己的实际情况，开启或者安装相应的功能与应用即可，包括数字证书、支付环境保镖、安全锁、金额隐私保护、百万保障。如图9－68所示。

图9-68　安全保障功能与应用

## 9.3 微信支付其他功能

我们在“微信支付”界面可以看到，除了微信钱包之外，还有金融理财、生活服务、交通出行、购物消费等，这些场景都是可以通过微信支付功能所支持的。

### 9.3.1 金融理财

金融理财版块包括信用卡还款和理财通。只要我们将信用卡绑定完成之后，在还款日即可通过微信支付进行还款；理财通是通过微信平台购买理财产品，包括货币类、债基类、保险类、券商类，从而达到钱生钱的作用。然而，凡是投资必有风险，所以在购买理财产品时一定要做好充分的心理准备。如图9－69所示。

图9-69　金融理财版块

## 9.3.2 生活服务

“生活服务”则是一种更加偏向于“人性化”的功能，比如之前交水电费，都必须前往相关营业厅现金支付，而微信的“生活服务”版块不仅可以直接通过网络支付水电费，还可以实现手机充值、Q币充值、城市服务、腾讯公益、医疗健康等，让微信用户真正实现了足不出户。如图9-70所示。

图9-70　生活服务版块

## 9.3.3 交通出行

“交通出行”功能也是微信提供的一种非常便捷的服务，包括出行服务、火车票机票、滴滴出行、酒店。对于经常出差的人来说是一大利器，从订票、打车到住宿，通过“交通出行”即可“一条龙式”进行解决。如图9－71所示。

图9－71　交通出行版块

## 9.3.4 购物消费

微信支付功能可谓涵盖了人们的吃喝住用行，小到购买一双袜子，大到购置房产，在“购物消费”中几乎都可以实现。

“购物消费”版块包含的功能可以说是最多的，包括京东购物、美团外卖、电影演出赛事、美团团购、拼多多、蘑菇街女装、唯品会特卖、转转二手、贝壳找房。如图9－72所示。

图9－72　购物消费版块

# 9.4 支付设置

关于微信支付设置我们在前面的内容中曾简单讲述过，这里我们将详细阐述如何在提高便捷支付的同时，更加安全地进行支付。

## 9.4.1 实名认证

“实名认证”是一个必须操作的流程。如果没有进行实名认证，往往会对支付功能造成限制。

第一步，点击“支付”界面右上角的“…”符号进入“支付管理”界面。如图9－73所示。

第二步，在“支付管理”界面点击“实名认证”进入“个人信息”界面。如图

9－74所示。

图9－73　“…”符号

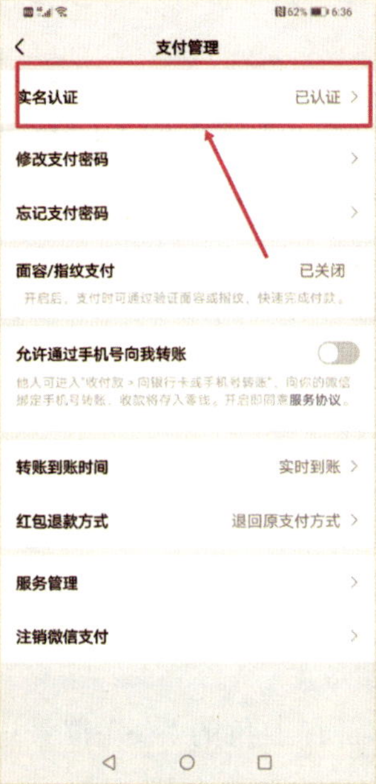


图9－74　点击“实名认证”

第三步，在“个人信息”界面根据证件信息的提示依次进行完善即可。如果已经认证想要更换信息，可以点击下方的“更换实名”，但是需要注意的是，当前实名身份下，不存在未关闭的业务，或未处理完成的交易才可以进行更换。如图9-75所示。

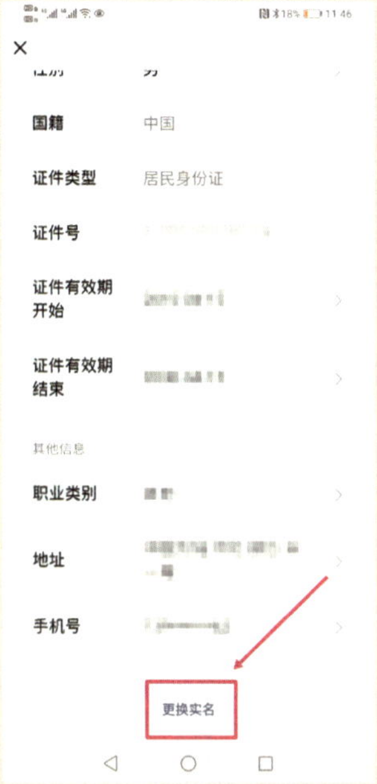


图9-75　“更换实名”选项

## 9.4.2 密码设置

在“支付”界面中进行密码设置包含两个选项，一个是修改支付密码，一个是忘记支付密码。

第一步，在“支付管理”界面点击“修改支付密码”。进入“修改密码”界面后需要先输入原支付密码进行身份验证。如图9-76所示。

第二步，验证成功后会自动跳转至“设置支付密码”界面，输入新的支付密码后界面会再次跳转，需要我们再次填写和确认，最后点击下方的“完成”即可。

第三步，在“支付管理”界面点击“忘记支付密码”进入“验证本人身份”界面。如图9-77所示。

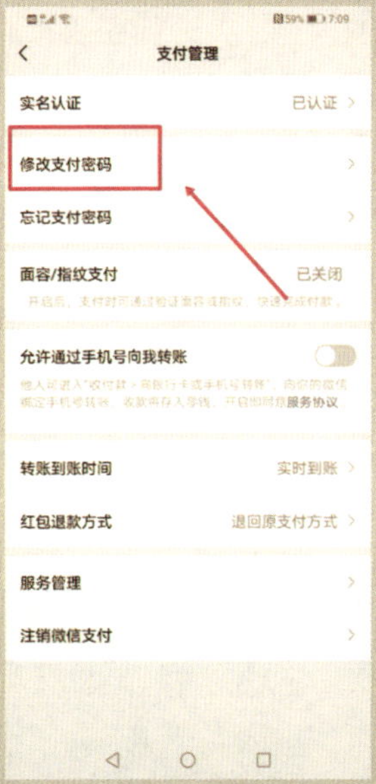


图9-76 “修改支付密码”选项

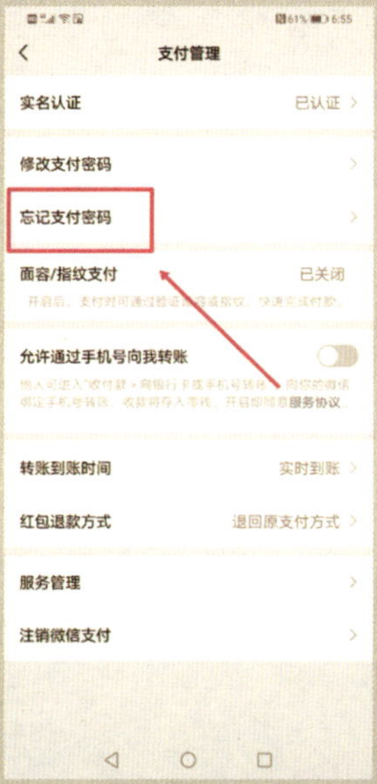


图9-77 “忘记支付密码”选项

第四步，在“验证本人身份”界面输入相关信息后点击“下一步”。如图9-78所示。

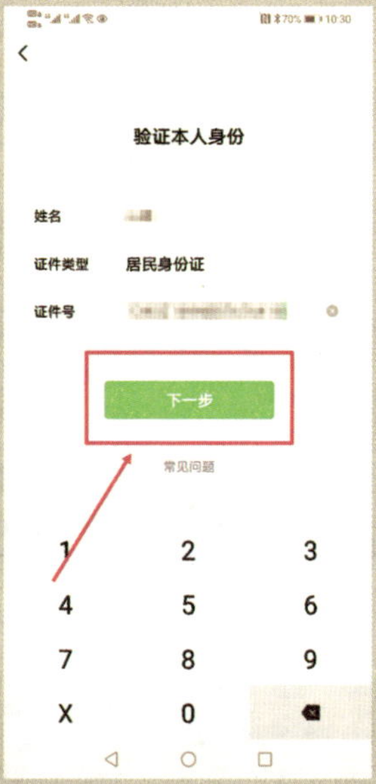


图9-78 点击“下一步”

第五步，进入“忘记支付密码”界面后有两种方式可以找回支付密码，而且操作方法相差无几，我们选择“重新绑定银行卡找回”。如图9－79所示。

图9－79　选择找回方式

第六步，界面跳转后，重新输入银行卡号以及银行预留手机号，点击“下一步”。如图9－80所示。

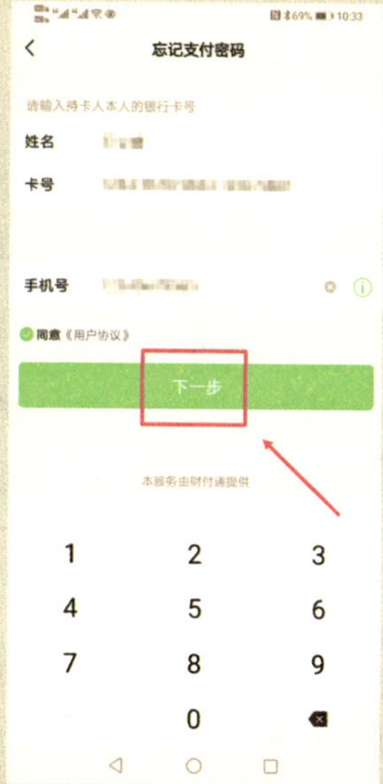


图9－80　点击“下一步”

第七步，在“验证手机号”界面输入收到的验证码，点击“下一步”。如图9－81所示。

第八步，进入“设置支付密码”界面输入新的支付密码，而且随着界面的跳转需要再次输入支付密码并确认，最后点击“完成”便会收到支付密码重置成功的通知。如图9－82所示。

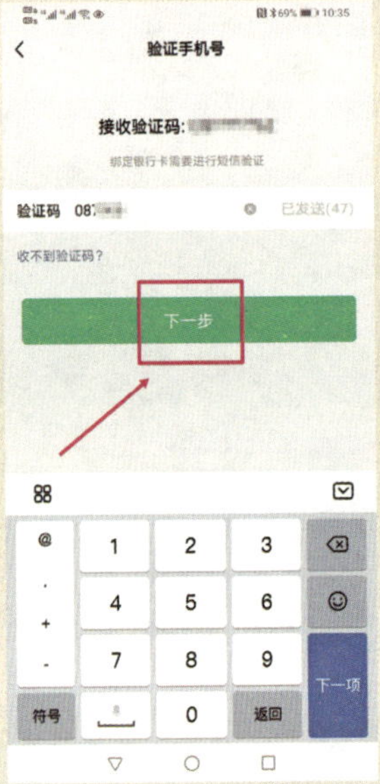


图9－81　点击“下一步”

图9－82　通知

## 9.4.3 面容/指纹支付

“面容/指纹支付”是安全支付的一种保障，而且相比密码支付更加快捷。

第一步，点击“支付管理”界面中的“面容/指纹支付”。如图9－83所示。

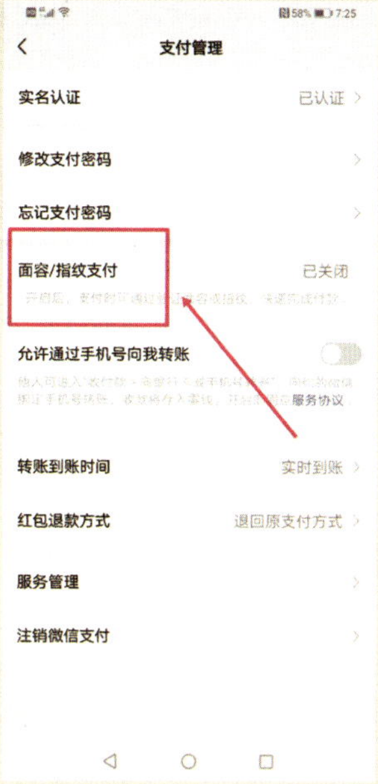


图9-83 “面容/指纹支付”选项

第二步，在“面容/指纹支付”界面点击“开启指纹”后面的小圆圈。如图9-84所示。

图9-84 “开启指纹”选项

第三步，界面跳转至“身份验证”界面后输入支付密码进行身份验证，随后便会进入“开通指纹支付”界面，将需要录入指纹的手指放在下方的指纹图标上进行录入即可。如图9-85所示。

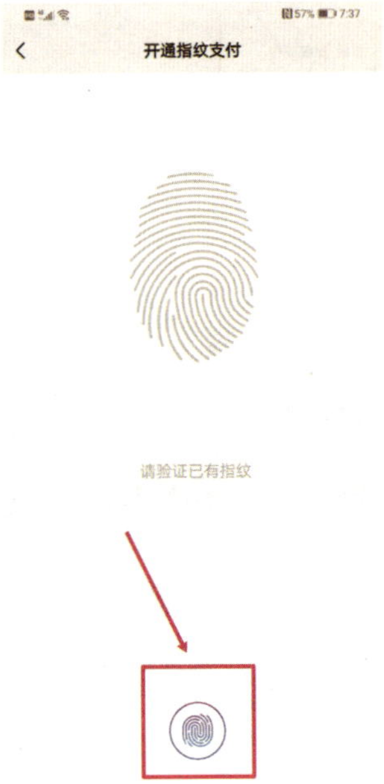


图9-85 录入指纹

## 9.4.4 通过手机号向我转账

他人通过“收付款”向我们进行转账的时候，如果通过银行卡，不仅需要输入大串银行卡号数字，而且容易忘记，所以我们可以选择开启“允许通过手机号向我转账”功能。

手机号相比银行卡号的数字少，而且更容易记住。我们只需点击“支付管理”界面中“允许通过手机号向我转账”后面的按钮，使其处于开启状态即可。如图9-86所示。

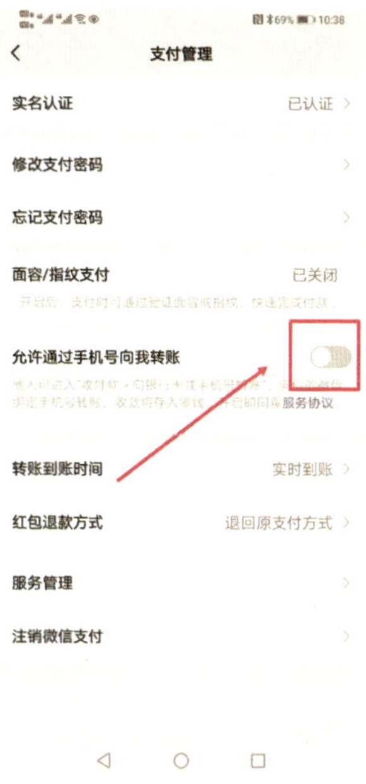


图9-86 开启状态

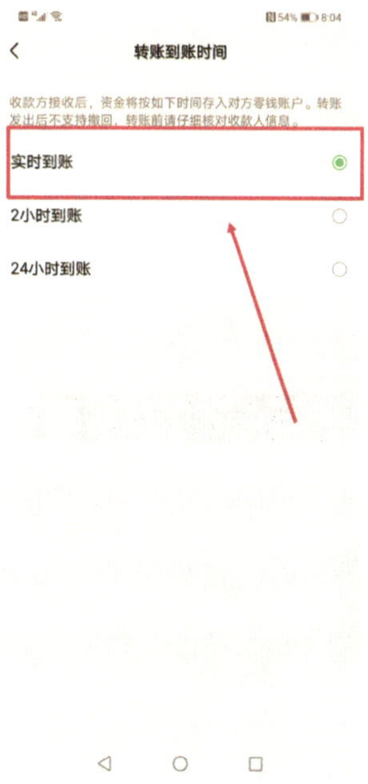


图9-87 选择实时到账

## 9.4.5 转账到账时间

点击“支付管理”界面中的“转账到账时间”可以选择实时到账、2小时到账、24小时到账。一般来说，大部分微信用户选择的是“实时到账”，既方便查询，也减少了等待时间。如图9-87所示。

因为转账是不支持撤回的，所以在转账之前一定要再三确认对方账号。

## 9.4.6 红包退款方式

如果我们发出的红包未被领取完，或者单独发送的红包未被领取，将自发出时间起24小时后自动退回。这时，我们可以选择将退回的钱存入零钱还是退回原支付方式，而两者的区别是：前者会实时到账，后者将在0－3个工作日到账。

点击“支付管理”界面中的“红包退款方式”，可根据自己的实际情况选择退回路径。如图9－88所示。

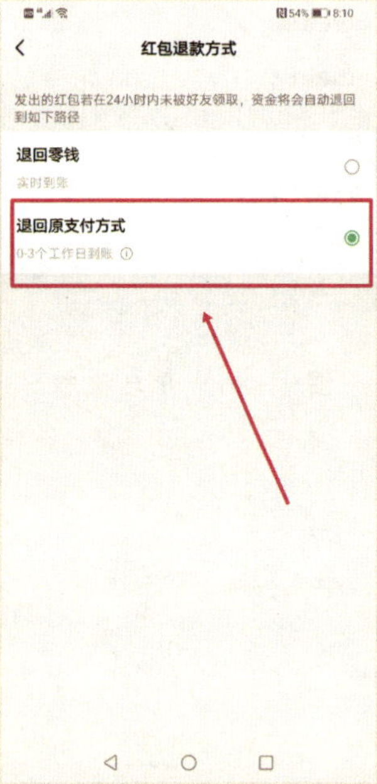


图9－88　选择退回原支付方式

## 9.4.7 服务管理

“服务管理”主要是针对“支付”中的生活服务、金融理财、交通出行、购物消费，可以对其包含的相应服务进行开启或者关闭。关闭后的支付功能，将隐藏其相应服务入口，但会保留历史数据。

点击“支付管理”界面中的“服务管理”，在“服务管理”界面将不需要的相应服务后面的按钮关闭即可。如图9－89所示。

图9－89　关闭“信用卡还款”与“理财通”

## 9.4.8 注销微信支付

当我们不需要微信支付功能的时候，也可以对其进行注销处理，但必须关闭所有的微信支付功能或者服务，并将零钱中的所有零钱提现。

第一步，点击“支付管理”界面中的“注销微信支付”，在跳转的界面中对变更事项进行了解并确认无疑义后，点击“确认注销”。如图9－90所示。

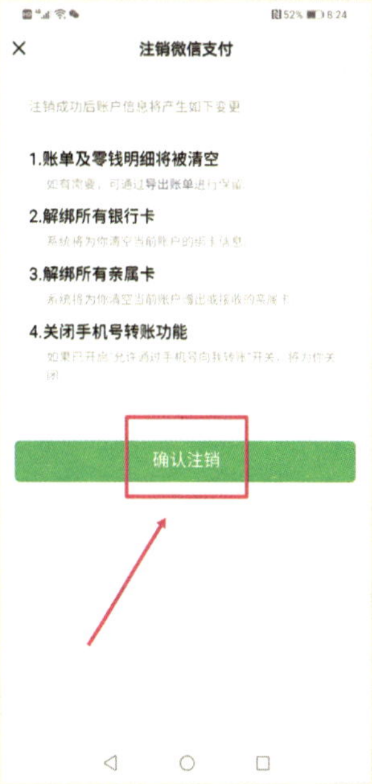


图9－90　点击“确认注销”

第二步，界面跳转后选择注销方式，可通过验证支付密码注销，也可以通过验证身份信息注销。我们以验证支付密码注销为例，输入支付密码进行身份验证后即可完成注销。如图9－91、图9－92所示。

图9－91　选择验证支付密码注销

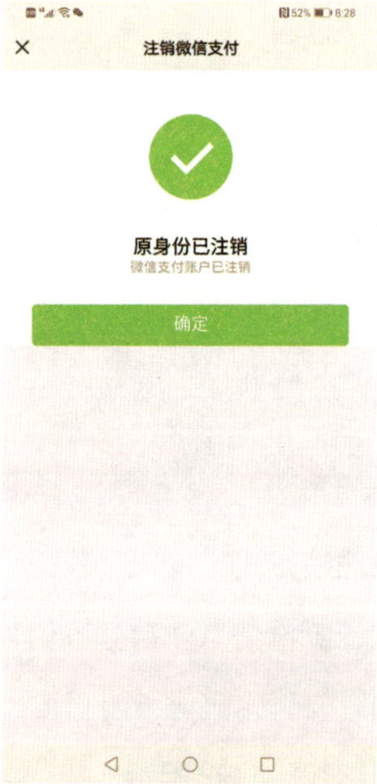


图9－92　成功注销微信支付

# 第10章 在电脑上使用微信

## 10.1 微信Windows版的使用

在前面的内容中我们已经讲过如何下载电脑版微信，那么下载完成后应该如何使用呢？

第一步，在电脑桌面上找到微信图标，鼠标双击打开。如图10－1所示。

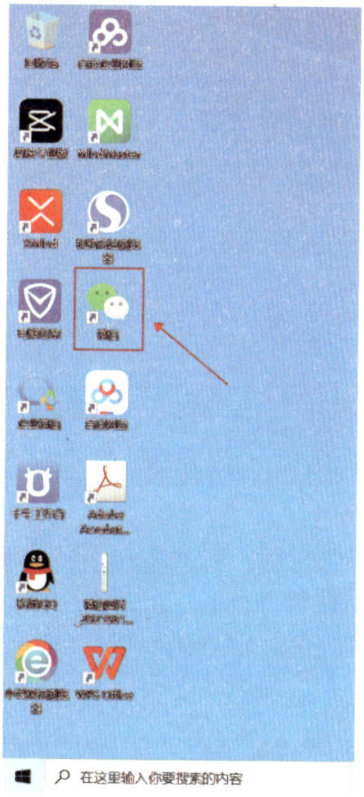


图10－1　桌面上的微信图标

第二步，打开手机微信中的扫一扫，扫描电脑桌面上弹出的“二维码”。如图10－2所示。

图10－2　电脑桌面弹出的“二维码”

第三步，在手机微信弹出的选项中点击“登录”，进入“新设备登录提醒”界面后点击“继续登录”，则电脑版微信将被成功登录。如图10－3、图10－4、图10－5所示。

Windows 微信登录确认
你的微信正请求在一个新的iPad/电脑设备登录，请确认该设备在你身边并且是你本人登录，非本人登录可能会导致你的帐号或者资金被盗。
登录
取消登录

图 10－3　点击“登录”

新设备登录提醒
登录后可在该设备使用聊天、朋友圈和通讯录等功能。该设备不在身边或非本人登录可能会导致帐号或资金被盗。
地点
邢台市
设备类型
Windows
设备名称
DESKTOP-MA72RJD
继续登录
取消登录

图 10－4　点击“继续登录”

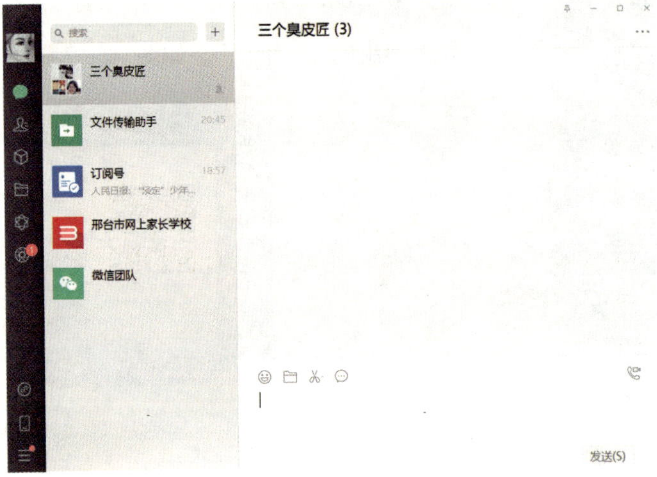
搜索
三个臭皮匠 (3)
三个臭皮匠
文件传输助手
20:45
订阅号
18:57
邢台市网上家长学校
微信团队
发送(S)

图 10－5　电脑版微信界面

电脑版微信登录成功后就可以开始使用了。其左侧的菜单选项从上到下依次为聊天窗口、通讯录、我的收藏、微信文件、看一看、朋友圈、小程序面板、手机、更多设置，具体使用方法与手机版微信基本一致，唯一不同的是手机版微信的使用手指点击变成了电脑版微信的使用鼠标点击。

# 10.2 微信网页版

如果我们不想下载电脑版微信，其实也可以通过微信网页版在电脑上使用微信。

第一步，在电脑桌面上双击打开一个浏览器，找到百度搜索，在搜索框中输入“微信网页版”并点击“百度一下”。如图10-6所示。

微信网页版
百度一下
网页
资讯
视频
图片
知道
文库
贴吧
地图
采购
更多

图10-6　搜索“微信网页版”

第二步，在搜索结果中找到微信网页版官方网站并点击。如图10-7所示。

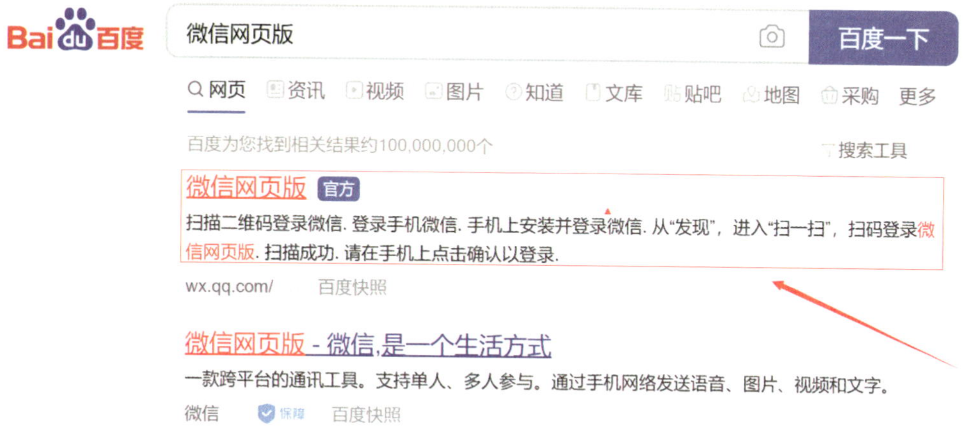
微信网页版
百度一下
网页
资讯
视频
图片
知道
文库
贴吧
地图
采购
更多
百度为您找到相关结果约100,000,000个
搜索工具
微信网页版 官方
扫描二维码登录微信. 登录手机微信. 手机上安装并登录微信. 从“发现”, 进入“扫一扫”, 扫码登录微信网页版. 扫描成功. 请在手机上点击确认以登录.
wx.qq.com/
百度快照
微信网页版 - 微信,是一个生活方式
一款跨平台的通讯工具。支持单人、多人参与。通过手机网络发送语音、图片、视频和文字。
微信
保障
百度快照

图10-7　微信网页版官方网站

第三步，进入微信网页版官方网站后会自动弹出一个“二维码”，使用手机版微信扫描进行登录。如图10-8所示。

使用手机微信扫码登录
网页版微信需要配合手机使用

图10－8　微信网页版登录“二维码”

第四步，在手机微信弹出的选项中点击“确定”，随着界面的跳转再次点击“继续登录”，即可成功使用网页版微信。如图10－9、图10－10所示。

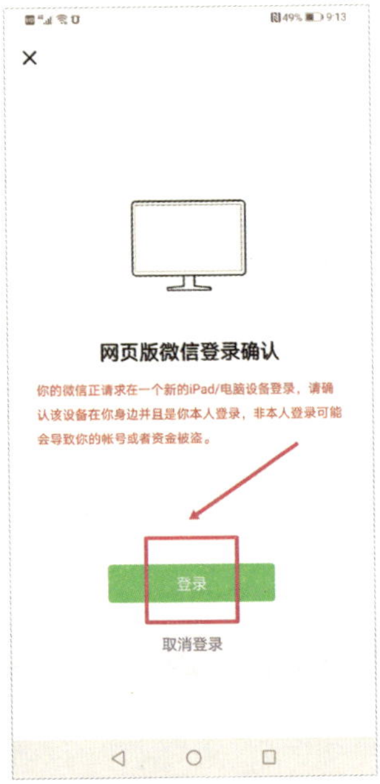
网页版微信登录确认
你的微信正请求在一个新的iPad/电脑设备登录，请确认该设备在你身边并且是你本人登录，非本人登录可能会导致你的帐号或者资金被盗。
登录
取消登录

图10－9　点击“登录”

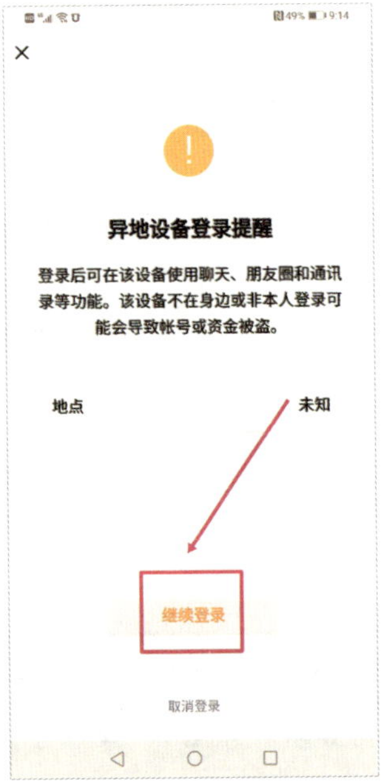
异地设备登录提醒
登录后可在该设备使用聊天、朋友圈和通讯录等功能。该设备不在身边或非本人登录可能会导致帐号或资金被盗。
地点
未知
继续登录
取消登录

图10－10　点击“继续登录”

# 10.3 文件传输助手

“文件传输助手”是方便手机与电脑互动的一种功能。当我们需要将电脑上的文件传输到手机上的时候，既不想通过发给其他微信朋友进行保存，也不想文件外泄，便可以通过“文件传输助手”来实现。

第一步，在聊天列表中找到“文件传输助手”，或者通过在搜索框中输入“文件传输助手”进行搜索，找到后鼠标左键单击，即可进入“文件传输助手”聊天窗口。如图10－11所示。

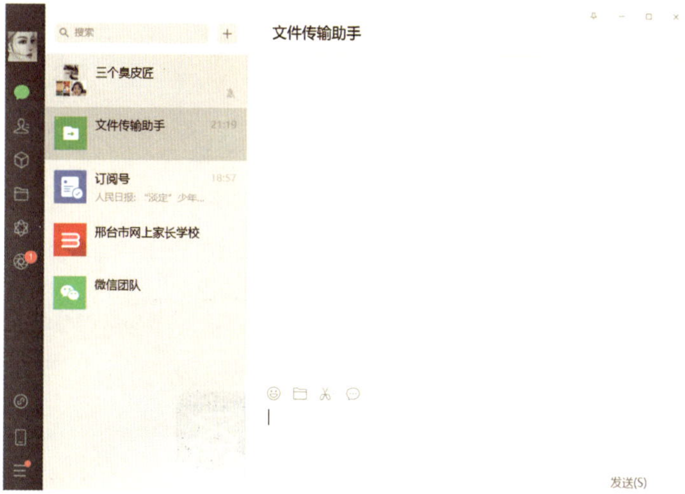


图10－11 “文件传输助手”聊天窗口

第二步，点击“文件传输助手”聊天窗口“发送文件”选项，即可从电脑磁盘中选择需要传送的文件或者图片，确定后点击“打开”，需要传送的文件或者图片便会出现在信息输入界面，最后点击“发送”即可。如图10－12、图10－13、图10－14、图10－15所示。

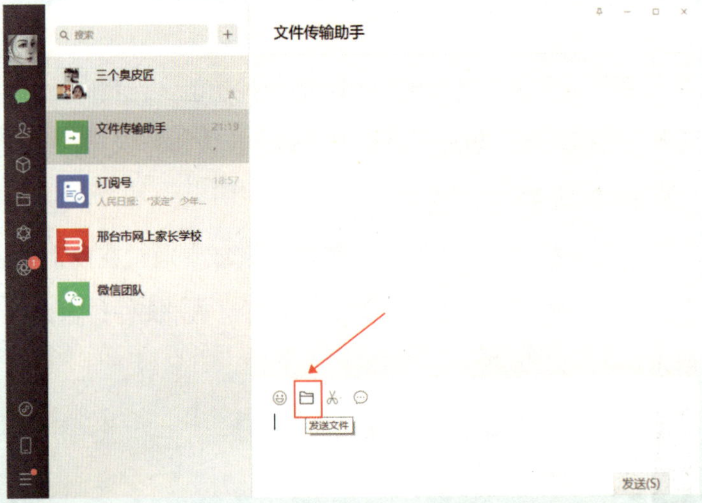


图 10－12 “发送文件”选项

图 10－13 选择文件并点击“打开”

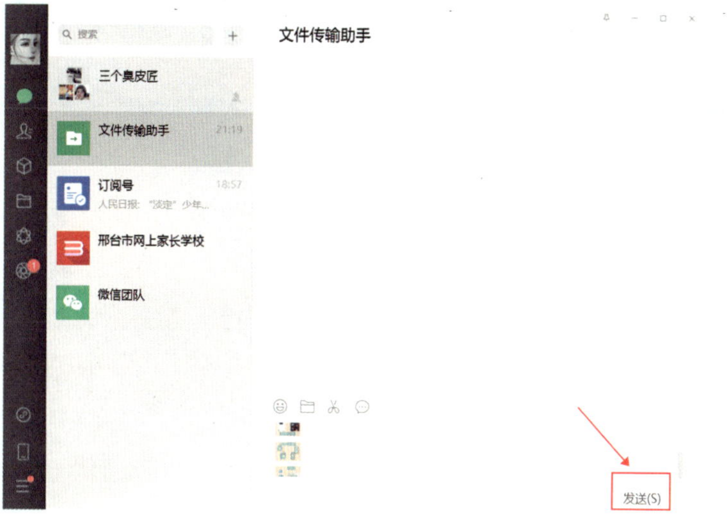


图10－14 点击“发送”

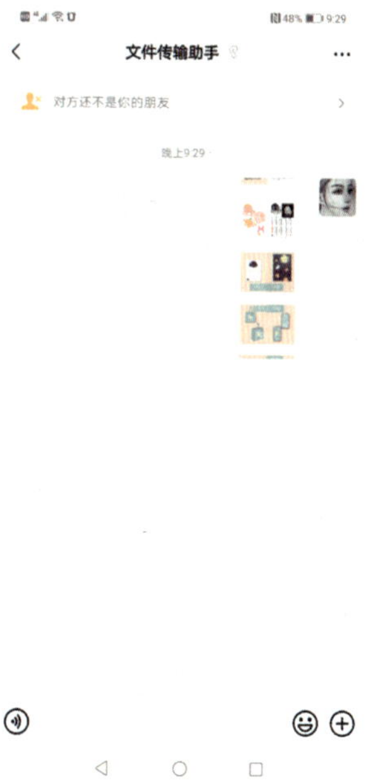


图10－15 手机微信“文件传输助手”收到的文件